GIN
A TASTING COURSE
진 테이스팅 코스

GIN
A TASTING COURSE
진 테이스팅 코스

앤서니 글래드먼 지음

정연주 옮김

차례

8   풍미에 초점을 맞추다

10   진이란 무엇일까?

12   진의 법적 정의

16   주니퍼 알아보기

18   주니퍼의 역사적 쓰임새

20   위기에 놓인 종

22   진의 역사 살짝 엿보기

24   진 열풍

26   음주에 관련된 에피소드

28   독주법

30   진 팰리스

32   성년이 된 진

34   제국의 그림자

38   사치스러워지다

40   전후 침체기

42   진의 르네상스

44   진과 환경

48   증류

50   단식 증류기

52   연속식 증류기

54   냉각기

56 증기 주입

58 증류 분류와 풍미

60 증류기는 왜 구리로 만들까?

62 루칭 현상이란 무엇일까?

64 기타 증류법

66 진은 무엇으로 만들까?

68 베이스 스피릿, 만들 것인가 구입할 것인가?

70 콤파운드 진

72 다양한 진 스타일

76 슬로 진

78 풍미 화합물

80 주요 식물 재료

86 그 외의 식물 재료

92 배럴에 대하여

94 풍미의 작동 원리

96 풍미에 대한 생각

98 진 테이스팅을 위한 준비

100 진 테이스팅에 대한 체계적인 접근법

102 테이스팅 노트 작성하기

104 잔은 얼마나 중요할까?

106 잔의 종류

108 얼음의 중요성

110 진을 마시는 방법

112 토닉에 대하여

114 아이콘 만들기: 진토닉

116 클래식 진 칵테일

118 칵테일 관련 도구

122 아미 앤 네이비 / 에비에이션

124 비즈 니즈 / 비쥬

126 브램블 / 브롱크스

128 클로버 클럽 / 콥스 리바이버 넘버 2

130 더티 마티니 / 드라이 마티니

132 잉글리시 가든 / 프렌치 75

134 깁슨 / 김렛

136 진 바질 스매시 / 진 피즈

138 행키 팽키 / 줄리엣과 로미오

140 라스트 워드 / 마티네즈

142 네그로니 / 올드 프렌드

144 레드 스내퍼 / 사탄스 위스커

146 사우스사이드 리키 / 20세기

148 화이트 레이디 / 화이트 네그로니

150 가니시

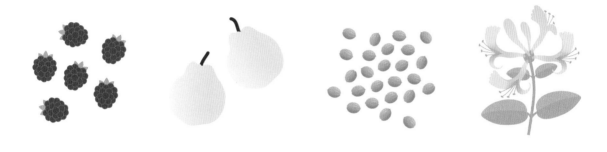

154 풍미별 진 탐색하기

156 '진 맛이 나는' 진

166 감귤류 향 진

174 허브 향 진

182 꽃 향 진

190 과일 향 진

198 흙 향과 아로마틱 진

206 바다 향과 감칠맛 진

214 토닉의 당분

216 용어 해설

218 찾아보기

223 감사의 말

풍미에 초점을 맞추다

이 책은 진의 풍미에 대해 다룬다

진에 어울리는 토닉을 고르거나 어떤 칵테일을 만들지 결정할 때 가장 중요한 것은 결국
풍미다. '이건 어떤 맛이 날까?' 내 목표는 독자 여러분이 잔을 입술에 대기 전 최소한의
자신감을 가지고 그 질문에 답할 수 있는 도구를 제공하는 것이다.

이제 갓 술을 마셔도 되는 나이가 되었을 때 텔레비전에서 와인 전문가인
오즈 클라크를 본 기억이 있다. 나는 그가 와인을 설명할 때 사용하는 다채
로우면서도 정확한 언어에 감명했다. 그러면 나로서는 영영 가능하지 못
할 수준으로 생생하게 맛을 경험할 수 있을 것만 같았다.

하지만 내 생각은 틀린 것이었다. 미각은 태어날 때부터 결정되는 것이 아
니다. 또한 평생 변하지 않는 것도 아니다. 미각은 다른 모든 기술과 마찬
가지로 연습을 통해 향상시킬 수 있다. 맛이란 무엇이며 어떻게 작용하는
지, 그리고 이를 말로 표현하는 과정이 어떻게 한 사람을 더 나은 감식가로
만드는지 함께 알아보자.

감식가로 한 걸음 나아가려면 맛을 인식하는 것을 넘어 그 맛을 반드시 이
해해야 한다. 이 책은 진의 역사부터 재료, 만드는 과정까지 알아보면서 진
을 이해하는 여정의 첫걸음을 떼도록 안내한다.

가장 중요한 것은 재미, 그리고 약간의 일탈이다. 진은 연금술이다. 최고의
증류사는 한 장소의 영혼을 잡아서 지니를 램프 속에 넣듯이 시간을 멈추
고서 우리가 마개를 당겨 다시 풀어줄 순간을 기다린다. 그 풍미는 시공간
을 뛰어넘어 한 번도 가보지 않은 곳으로 우리를 데려다준다.

자리를 잡고 앉아 이 책을 전부 읽기 전에 먼저 완벽한 진토닉 만드는 법
과 가지고 있는 진의 풍미에 어울리는 가니시를 고르는 요령부터 확인해
보자. 그리고 그 안내에 따라 진토닉 한 잔을 만들어 와서는 등을 기대고
앉아 본격적으로 책을 읽기 시작하자.

진의 풍미는
시공간을 뛰어넘어 한 번도 가보지 않은
곳으로 우리를 데려다준다.

이 책에서 소개하는 진에 대하여

이 책에서는 100가지가 넘는 진을 풍미별로 분류해 소개한다. 각각의 진이 어디서 만들어졌고, 증류사가 어떤 신묘한 기법을 적용했는지 알아보는 것도 재미있지만 솔직히 그 최종 결과물을 제대로 즐기지 못한다면 그런 내용은 중요하지 않다.

따라서 전 세계의 다양한 진을 소개하기 위해 노력했다. 진은 세계적인 주류이며 아직도 영국이 지배적이기는 하지만 지금 현재 가장 혁신적인 진 가운데 일부는 호주와 프랑스, 인도, 남아프리카공화국 등 다른 지역에서 생산되고 있다.

진은 복합적인 음료다. 목록에 소개된 진 중 일부는 두 가지, 혹은 무려 세 가지 풍미 그룹에 동시에 속하기도 한다. 되도록 각 진마다 가장 특징이 강한 풍미를 반영하기 위해 최선을 다했지만 사람마다 맛에 대한 민감도가 다르다. 만일 여기서 허브 향 진이라고 소개한 제품에서 꽃 향이 더 강하게 느껴지더라도 괜찮다. 틀린 게 아니다. 그 무엇보다도 스스로의 미각을 믿자. 절대 여러분을 실망시키지 않을 것이다.

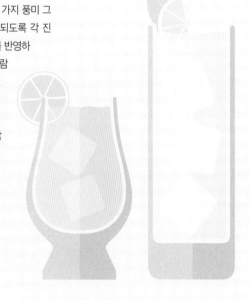

진

----- 이란 -----

무엇일까?

무엇이 진을 만들어낼까? 진의 종류는 다양해서
모두 같은 술이라고 생각하기 어려울 때가 있다. 이 장에서는
이러한 의문을 포함해 맛있고 복합적인 증류주인 진에 대한 모든
궁금증에 대한 답을 알아본다. 먼저 진의 대표적인 매력 요소인
주니퍼에 대해 깊이 있게 살펴보고, 진에 멋진 향과 풍미를 더하는
그 외의 식물 재료에 대해서도 자세히 알아본다. 아울러
진의 유래와 현대식 크래프트 증류법이 꽃피기까지 진의 역사를
들여다본다. 진이 어떻게 만들어지며 각 단계에서 증류사의 선택이
진에서 어떤 맛으로 구현되는지도 알아보자. 그런 다음 우리의 오감이
어떻게 결합해 독특한 개인적인 맛의 인상을 이끌어내는지 살펴보고,
제대로 맛을 보는 능력을 개발하는 방법에 대해서도 알아보고자 한다.
마지막으로는 완벽한 진토닉을 만드는 실용적인 방법을 소개한다.

진의 법적 정의

무엇이 진이고 진에 어떤 재료를 넣을 수 있는지, 진이 어떻게 만들어지는지를
규제하는 법률을 알면 진에 대한 이해도가 높아진다. 참고로 진을 구입할 때 라벨의
정보를 해독하는 데에도 도움이 된다.

EU와 영국의 모든 진은
반드시 주니퍼가
'지배적인 맛'이어야 한다.

EU와 영국의 진

영국과
EU에서 병입한
진의 최소 도수

37.5%

ABV

유럽연합(이하 EU)과 영국에서 생산한 모든 진은 에탄올이 96% ABV(부피 대비 알코올 함량) 이상이 되어야 하며, 주니퍼가 '지배적인 맛'이어야 한다. 주니퍼의 맛이 지배적인지 아닌지를 판단하는 테스트는 없으므로 해석의 여지는 존재한다. EU와 영국에서 병입한 진의 최소 도수는 37.5% ABV다.

어떤 주니퍼를 사용하는가?

EU와 영국의 증류업체는 반드시 일반 주니퍼(학명 주니페루스 코뮤니스. 16~17쪽)를 사용해야 하지만 섭취해도 무해한 것이라면 다른 품종을 섞어 넣는 것을 금지하지는 않는다. 물론 모든 주니퍼가 식용 가능한 것은 아니다.

미국 법은 진 제조업체에게 특정 주니퍼 품종의 사용을 제한하지는 않지만 대부분 일반 주니퍼를 사용한다. 호주와 뉴질랜드 법에서는 주니퍼에 대한 언급이 전혀 없다(14쪽).

EU와 영국 법에서 정의하는 진의 종류

EU와 영국에서 법적으로 정의하는 진에는 세 가지 종류가 있으며, EU의 분류에는 한 종류가 더 추가된다.

진

가장 광범위한 진의 정의는 알코올에 천연 또는 승인된 인공 향료를 첨가해 만든 증류주다. 진에 색소나 감미료를 첨가하는 것도 허용된다. 콤파운드 진(70~71쪽)이 이 범주에 속한다.

디스틸드 진

디스틸드 진은 중성 알코올을 승인받은 천연 또는 인공 향료와 함께 재증류해 만든다. 증류한 이후에 처음 사용한 것과 동일한 성분과 순도, 알코올 도수의 알코올을 섞어 희석할 수 있다. 향료와 감미료를 추가하는 것도 허용된다.

런던 진

런던 진(흔히 런던 드라이 진이라고도 불린다)은 승인받은 천연 향료만을 사용해 에탄올을 최소 70% ABV로 재증류해 생산해야 한다. 런던 진은 다른 진보다 품질이 좋은, 100% ABV의 알코올 1헥토리터(22갤런)당 메탄올이 5g 미만으로 함유된 베이스 스피릿을 사용해야 한다. 증류 후에 추가로 착색시키는 것은 금지되어 있으며 당류 첨가는 1리터당 설탕 0.1g으로 제한된다. 증류사는 초벌 증류에 사용한 것과 같은 조성 및 순도, 강도의 알코올이나 물을 첨가할 수 있다. 명칭의 '런던'은 진이 만들어진 장소가 아니라 이처럼 진이 만들어진 방법을 의미한다.

진 드 마혼

EU 법률에서는 또 다른 유형의 진 한 종류를 더 언급한다. 스페인의 메노르카 섬에서 생산되는 진 드 마혼은 EU의 지리적 표시(PGI)의 적용을 받는다. 여기서 허용하는 성분은 단 세 가지뿐이다. 농업용 에탄올과 증류수, 무게 기준으로 에센셜 오일 함량이 7~9%인 일반 주니퍼베리. 그 외의 풍미 재료는 첨가할 수 없다. 주니퍼베리를 넣고 장작불로 가열하는 구리 단식 증류기에서 만들어야 한다. 최종 증류액은 여과한다. 이런 종류의 진의 유일한 예시로는 소리게르 마혼 진(181쪽)이 있다.

진 드 마혼
오직 세 가지 재료만 사용하도록 허용된 메노르카산 진이다.

증류수 + 에탄올 + 일반 주니퍼베리 = 진 드 마혼

미국에서
병입한
진의 최소 도수

40%

ABV

미국의 진

미국 법률에서는 진을 '증류 과정을 통해 또는 주니퍼베리와 기타 향미 재료 증류주나 이들 재료의 추출물을 섞어서 생산한 주니퍼베리의 풍미가 주된 특징인 주류로서 40% 이상의 ABV(또는 80프루프)로 병입한 것'으로 정의한다. 미국에서 말하는 프루프는 알코올의 백분율에 2를 곱한 값이다.

호주와 뉴질랜드의 진

호주와 뉴질랜드에는 진에 대한 법적 정의가 존재하지 않는다. 대신 '위스키, 브랜디, 럼, 진, 보드카와 테킬라 등 식재료에서 추출한 발효 주정을 증류해서 생산해 흔히 해당 특정 증류주 고유의 맛과 향 및 기타 특성을 지닌 음용 알코올 증류액으로 정의하는 포괄적인 '증류주 정의'에 포함되어 있다.

게네베르의 역사

게네베르는 주니퍼로 풍미를 내는 진과 밀접

미국 법에서 정의하는 진의 종류

디스틸드 진

디스틸드 진은 '주니퍼베리와 기타 향미 재료 또는 그 추출물, 에센스, 향료를 매시에 섞거나 얹어서 직접 증류해 만든 것'이다. 증류 후에는 더 이상의 향료 첨가가 허용되지 않는다.

리디스틸드와 콤파운드 진

리디스틸드 진은 증류한 진에 대하여 법적으로 규정된 것과 동일한 향료를 증류한 주정에 첨가해 재증류해 만든 진이며, 콤파운드 진(70~71쪽)은 여기에 중성 스피릿을 혼합한 것이다. 콤파운드 진은 승인받은 천연 또는 인공 재료로 만든 에센스로 향을 첨가할 수 있다. 그러나 이들 진에는 착색이 허용되지 않는다.

슬로 진

슬로 진(76~77쪽)은 설탕을 무게 기준으로 2.5% 이상 함유해야 하며 슬로베리가 주된 풍미를 이루어야 한다(주니퍼에 대해서는 법에 명시된 바가 없다). 슬로 진은 라벨에 명시하기만 한다면 착색이 가능하다.

진 리큐어 또는 진 코디얼

'진의 특징적인 풍미가 지배적이어야 하는' 종류다. 진을 독점적인 증류 주정으로 사용해야 하며 30% 이상의 ABV인 상태로 병입해야 한다. 와인을 부피 기준으로 최대 2.5%까지 함유할 수 있다.

플레이버드 진

'천연 향료로 풍미를 내고 설탕은 첨가하거나 첨가하지 않을 수 있으며 30% 이상의 ABV로 병입한 진'으로 정의한다. 라벨에 지배적인 풍미를 명시해야 한다. 와인을 첨가할 수도 있으며, 특정 기준치를 초과할 경우에는 반드시 라벨에 표시해야 한다. 플레이버드 진은 라벨에 이를 명시하는 한 착색이 가능하다.

숙성 진

숙성 진의 라벨에 관한 법률에서도 다른 증류주와 마찬가지로 다음과 같이 규정하고 있다. '기간 또는 숙성도에 관한 문구는 [⋯] 증류 주정을 오크통에 보관하는 경우에만 허용되며 오크통에서 꺼낸 이후에는 물을 혼합하거나 여과, 병입 이외의 기타 처리 과정을 거치지 않은 경우에만 허용된다. 숙성 기간이 서로 다른 주정을 혼합해 사용할 경우 라벨에는 가장 짧은 숙성 기간만 표기할 수 있다.'

슬로 진

미국에서는 슬로 진을 리큐어 또는 코디얼의 일종으로 정의한다.

슬로 진에는 중량 기준으로 설탕이 2.5% 이상 함유되어 있어야 한다.

지배적인 풍미 성분은 슬로베리다.

오렌지공 윌리엄
1688년 영국을 침공하기 위해 영국-네덜란드 함대와 함께 상륙하는 오렌지공 윌리엄의 모습이 그려진 그림이다.

게네베르에서 유래했다는 것이다. 진이 기록에 처음 등장한 것은 1714년이다. 영국-네덜란드 철학자 버나드 맨더빌은 『꿀벌의 우화: 개인의 악덕, 사회의 이익』이라는 저서에서 이렇게 말했다. "네덜란드어로 주니퍼베리를 뜻하는 이름의 악명 높은 이 술은 이제 흔하게 쓰이면서 […] 단음절인 중독성 높은 진이라는 이름으로 짧게 불리게 되었다."

게네베르의 정의

게네베르는 에탄올과 곡물 증류주 또는 주니퍼로 향을 낸 곡물 증류액으로 만들지만 주니퍼가 주된 향이어야 할 필요는 없다. '영(어린)'이나 '오우드(오래된)'로 분류할 수 있다. 이는 나이를 지칭하는 것이 아니라 최신 증류법으로 만든 증류주인지 혹은 오래된 전통 방식으로 생산한 증류주인지를 가리킨다. 그 외에도 게네베르는 여러 하위 유형으로 정의할 수 있다(아래 상자 참조).

한 관련이 있는 네덜란드의 증류주다. 많은 역사적 기록에서 게네베르를 진의 선구자로 보고 있다. 영국인은 1500년대 후반과 1600년대 초반에 걸친 유럽 전쟁에서 네덜란드와 함께 싸우며 진을 마시는 취향을 키우기 시작했고, 그러던 와중에 '네덜란드의 용기'라는 용어를 탄생시켰다. 기록에 따르면 그 이후 이 증류주를 고향에 가지고 돌아왔으며, 특히 1689년에 네덜란드의 오렌지공 윌리엄이 영국 왕좌에 오른 이후로는 직접 생산하기 시작했다고 한다. 이때의 싸구려 게네베르 복제품이 천천히 오늘날의 진으로 발전한 것이다.

일부 역사가는 이것이 진짜 역사인지 의심하기도 한다. 영국인은 이미 1200년대와 1300년대부터 증류 기법을 사용하고 있었기 때문에 굳이 네덜란드에서 배워올 필요가 없었다는 것이다. 또한 1400년대 중반 이후의 증류 서적에는 주니퍼 풍미의 증류주 제조법이 실려 있으므로 영국에서도 구할 수 있었을 것이다. 중요한 것은 영국의 이들 초기 제조법 중 일부는 이미 증류한 기본 스피릿에 주니퍼

베리와 기타 식물을 첨가하는 식으로 시작하는데, 이것이 오늘날 진이 만들어지는 방식과 유사하다는 점이다. 반면 게네베르는 일반적으로 주니퍼 또는 기타 식물을 주입한 와인이나 맥주를 증류해 만든다.

확실하게 알려진 것은 '진'이라는 단어가

게네베르의 종류	특징
영 게네베르	몰트 와인을 최대 15%, 설탕을 1리터당 10g 넣어 만든다.
오우드 게네베르	몰트 와인을 15% 이상, 설탕을 1리터당 최대 20g 넣어 만든다.
그란 게네베르	곡물만을 사용해 만든다.
오우드 그란 게네베르	곡물만을 사용해 만들어 최소 1년 이상 숙성시킨다.
코런베인 게네베르	몰트 와인을 51% 이상 함유하고 있으며 주니퍼를 넣지 않아도 된다.

주니퍼 알아보기

주니퍼는 진의 필수 재료다. 식물성 재료로 만드는 진이 법적인 정의에 부합하려면 반드시 주니퍼가 들어가야 한다. 비피터, 고든스, 탱커레이 등 널리 알려진 고전 진을 살펴보면 모두 주니퍼의 풍미가 지배적이다.

주니퍼의 역할

최근 들어 진 시장은 매우 포화된 상태다. 이에 자사의 진이 주목받을 수 있는 방법을 찾던 일부 증류사들이 주도적인 역할을 맡은 주니퍼를 뒤로 물리고 다른 식물성 재료를 전면에 배치했다. 이는 진과 진이 아닌 리큐어의 경계선을 애매하게 만들 위험이 있다. 주니퍼의 강력한 풍미가 아니었다면 진은 고유의 특색을 잃고 그저 그런 향이 나는 증류주에 지나지 않았을 것이다. 오늘날의 진이 존재할 수 있게 한 주니퍼에 대해 자세히 알아보자.

주니퍼의 풍미

주니퍼베리(실제로는 씨앗이 들어 있는 작은 구과毬果)는 진의 주요 성분이다. 이 열매에 함유된 에센셜 오일에는 다양한 휘발성 풍미 화합물, 특히 진의 특징적인 풍미를 만들어내는 모노테르펜이라는 화학 물질군이 함유되어 있다(78~79쪽 참조).

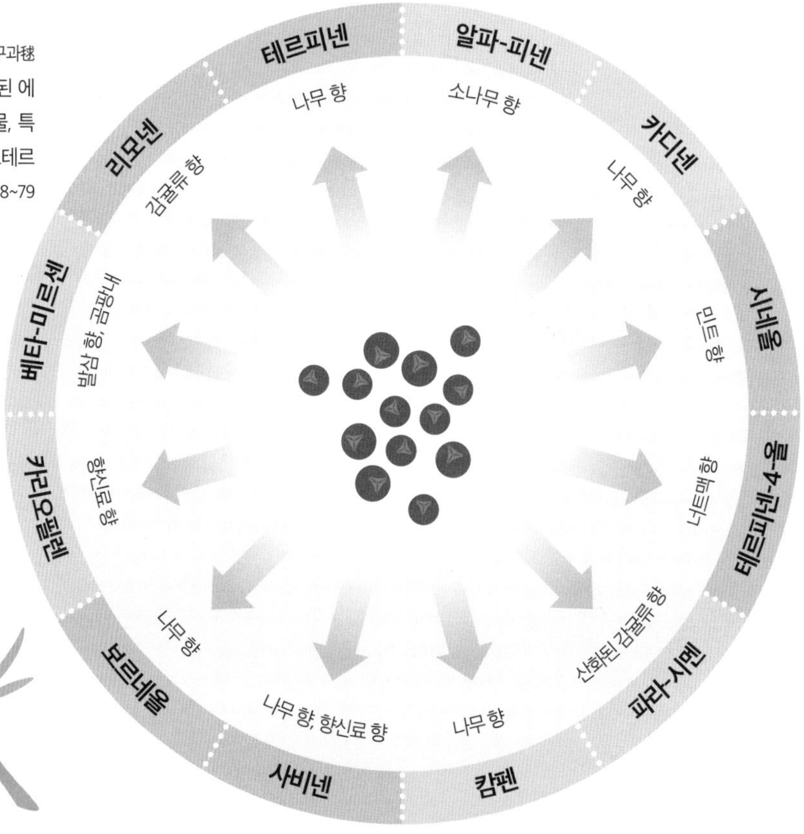

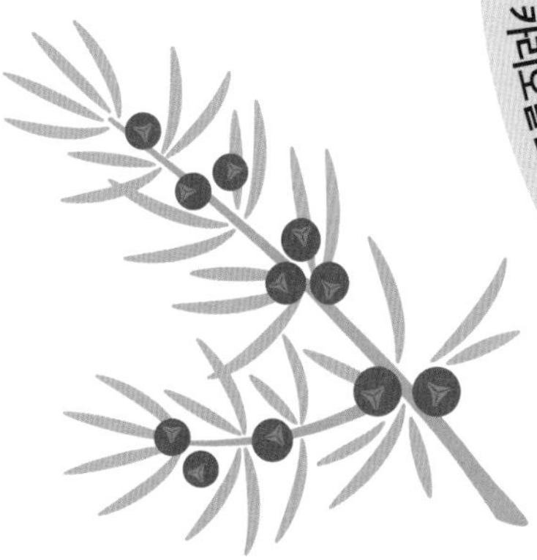

테르피넨 나무 향 / 알파-피넨 소나무 향 / 리모넨 감귤류 향 / 카디넨 나무 향 / 베타-미르센 풀냄새, 곰팡내 / 사비올 민트 향 / 카리오필렌 향신료 향 / 테르피넨-4-올 나무향 / 보르네올 나무 향 / 파라-시멘 산화된 감귤류 향 / 사비넨 나무 향, 향신료 향 / 캄펜 나무 향

16

진이란 무엇일까?

일반 주니퍼

일반 주니퍼(주니페루스 코뮤니스)는 북아메리카와 유럽, 북아시아의 북부 지역을 포함한 북반구의 서늘하고 온화한 지역이 원산지인 상록 침엽수다. 오래될수록 벗겨져 나가는 회색빛을 띤 갈색 껍질과 굵고 뾰족뾰족하게 무리 지어 올라오는 회녹색 바늘 모양으로 싹트는 적갈색 나뭇가지를 지니고 있다. 대부분 지면을 따라 퍼지는 낮고 조금 지저분해 보이는 관목으로 자라나지만 일부 잘 큰 나무는 적절한 조건만 갖춰지면 높이 10m까지 뻗어나가기도 한다.

꽃의 암수 생식기관이 서로 다른 개체에서 자라는 자웅이체 종이다. 한 나무의 성별을 정확히 구분하려면 약 15년이 걸린다. 수나무의 꽃은 열매를 맺지 않는다. 암나무는 잘 익으면 블루베리와 비슷한 모양을 띠는 열매를 맺는다. 열매가 녹색에서 검보랏빛으로 성숙하는데 약 18개월이 걸린다.

주니퍼는 황무지와 백악 저지대, 바위가 많은 지역, 오래된 토종 소나무 숲에서 자란다. 최대 200년까지 살 수 있어 수십 년간 강풍에 노출되어 이리저리 구부러지고 울퉁불퉁해진 환상적인 형태의 원숙한 나무도 찾아볼 수 있다.

주니퍼는 농부들이 가축을 몰고 다니던 오래된 목축로 근처에서도 흔히 볼 수 있다. 소들은 주니퍼의 바늘잎으로 가려운 곳을 긁기 위해 주니퍼 관목에 몸을 비비곤 한다. 이 과정에서 씨앗을 지닌 열매가 땅에 떨어지고, 소의 무거운 발굽이 흙을 파헤친다. 이런 식으로 새로운 주니퍼 관목이 번식하는 것이다.

진 한 병에는 주니퍼가 얼마나 들어갈까?

대부분의 진 제조법에 따르면, 700㎖ 한 병당 6~12g의 주니퍼가 들어간다. 이는 주니퍼베리 50~100개에 해당하는 양이다.

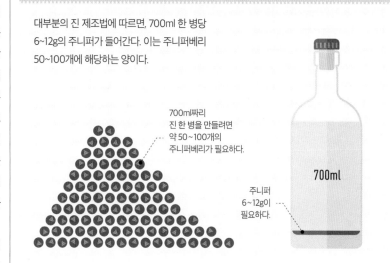

700㎖짜리 진 한 병을 만들려면 약 50~100개의 주니퍼베리가 필요하다.

주니퍼 6~12g이 필요하다.

700ml

주니퍼 수확하기

믿기 어렵겠지만 주니퍼를 상업적으로 재배하는 데 성공한 사람은 아직 없다. 즉 진을 만드는 데 사용하는 모든 주니퍼는 야생 식물에서 수확한 것이라는 뜻이다. 주니퍼는 접근하기 어려운 지역에서 자라기 때문에 수확은 수작업으로 이루어지는데, 10월에서 2월 사이에 진행되며, 그 과정은 다음과 같다.

- 주니퍼가 자라는 외딴곳까지 보통 오르막길을 따라 오래 걸어간다.
- 열매를 맺은 주니퍼 암나무 덤불을 찾아 그 아래에 통을 놓는다.
- 막대기로 나뭇가지를 두들겨 열매가 통에 떨어지게 한다.
- 언덕길을 다시 걸어 내려가는데, 이번에는 열매가 가득 담긴 통을 들고 걸어야 한다.

영국은 진의 주요 생산국이지만 영국 진은 토종 주니퍼를 거의 사용하지 않는다. 개중에 토종 주니퍼를 사용하는 몇몇 브랜드에서도 흔히 이탈리아나 북마케도니아, 크로아티아 등 다른 지역에서 생산한 주니퍼와 섞어 쓰는 경향이 있다. 이들 국가의 주니퍼는 알파-피넨과 사비넨(옆 페이지 참조) 등의 풍미 화합물 구성이 조금 다르고 훨씬 풍성해 소비자가 이쪽을 더 선호한다. 세르비아와 불가리아, 인도에서도 주니퍼를 수확한다. 유럽산 주니퍼베리는 작고 짙은 색을 띠는 반면 아시아산은 알이 굵다(값도 저렴하다).

대부분의 미국 증류사는 유럽에서 주니퍼를 수입한다. 그 이유는 현지에서 자라는 주니퍼는 향이 너무 강하기 때문이다. 남반구에서는 잘 자라지 않기 때문에 호주와 뉴질랜드 증류사도 유럽산 주니퍼를 사용한다.

증류사는 주니퍼를 무게 단위로 구입한 뒤 수년간 보관하는 경우가 많다. 보관하는 동안 열매가 건조되어 쪼그라들지만 수분만 손실될 뿐 에센셜 오일은 남아 있다.

주니퍼의 역사적 쓰임새

인류는 오랫동안 주니퍼를 풍미 이상의 이유로 널리 사용해왔다. 인간이 주니퍼의 에센셜 오일을 약으로 사용했다는 증거는 오랜 세월을 거슬러 올라가며, 기침에서 암에 이르기까지 모든 질병에 걸쳐 널리 쓰였다.

고대의 주니퍼 사용법

주니퍼는 우리가 알고 있는 가장 오래된 의학 문헌 중 하나인 고대 이집트의 『에버스 파피루스』에 등장한다. 이는 기원전 1500년경의 기록이지만 일부는 그보다 훨씬 더 오래된 것일 수도 있다. 당시에도 촌충에 주니퍼를 쓰는 것은 이미 오래전부터 확립된 전통이었다.

로마인은 소화를 돕기 위해 주니퍼를 사용했고 그리스 운동선수는 체력 증진을 위해 주니퍼를 복용했다. 북미 원주민은 자상과 같은 상처를 치료하기 위해 주니퍼를 사용했다.

니콜라스 컬페퍼

영국의 약초학자 니콜라스 컬페퍼는 1600년대에 주니퍼에 대해서 '그 미덕에 비견할 만한 식물이 드물다'고 기록했다. 그의 기록에 따르면, 주니퍼베리는 독을 막아주는 효능이 있어 '독사에게 물렸을 때 탁월한 효과를 발휘한다.' 또한 '그 어떤 식물보다 역병에 대한 저항력이 강하'고 '수종의 강력한 치료제라서 주니퍼를 태운 재로 만든 잿물을 마시면 이를 치료할 수 있다'고 알려져 있다.

약물지
로마 군대의 그리스인 의사였던 페다니우스 디오스코리데스는 기원전 50년에서 70년 사이에 『약물지(데 마테리아 메디카)』를 저술했다. 여기에는 주니퍼를 포함한 식물 600여 종의 약용 용도가 소개되어 있다.

만병통치약

설사가 시작되면 주니퍼로 멈출 수 있다. 치질이 생기면 주니퍼가 진정시키는 역할을 한다. 복부 통증이나 탈장, 생리통, 경련 등에도 치료제로 쓴다. 기침과 호흡 곤란, 폐결핵에도 효과가 있다. 요로 감염과 신장 결석, 방광 결석을 완화시키기 위해 주니퍼베리를 이뇨제로 쓰기도 했다. 소화 불량을 진정시키고 속쓰림을 완화하며 식욕을 회복시키고 복부 팽만감을 줄이고 장내 기생충을 없애고 헛배부름을 진정시키기 위해 주니퍼를 찾았다.

여성은 출산 시 산통을 빨리 끝내기 위해 주니퍼를 복용하기도 했는데, 주니퍼베리에 자궁 근육의 수축을 자극하는 화학 물질이 함유되어 있기 때문이다. 그 외에도 원치 않는 임신을 했을 경우 유산을 목적으로 일찍부터 주니퍼베리를 먹기도 했다. '주니퍼 나무 아래에서 출산하기'는 주니퍼로 인한 유산을 완곡하게 표현하는 말이다.

마법적 용도

의학적 용도가 아닌 마법을 위해 주니퍼를 사용하는 사람도 있었다. 사랑에 빠진 영혼은 주니퍼로 물약을 만들어 아직 자신에게 관심을 보이지 않는 상대방을 유혹하는 데 사용했다.

주니퍼베리를 따는
꿈을 꾸면
부가 찾아올 징조라고
생각했다.

주니퍼 리스
옛날 사람들은 주니퍼 가지를
악귀를 쫓고 죽은 자와
교감하는 용도로 사용했다.

이미 서로에게 관심이 있는 사람들은 남성의 정력을 강화하는 데 썼다. 말하자면 허브 비아그라라고 할 수 있다.

겨울에 주니퍼베리를 따는 꿈을 꾸면 부가 다가올 징조라고 생각했다. 또한 꿈에 주니퍼베리가 나오면 명예나 남자아이의 탄생을 예고한다고 믿기도 했다.

주니퍼의 가지도 유용하게 쓰였다. 유럽 일부 지역에서는 마녀와 악마를 막기 위해 주니퍼를 사용하기도 했다. 벨테인(5월제) 기간 동안에는 저승과 이승의 경계를 이루는 장막이 얇아진다고 믿은 사람들이 주니퍼 가지를 문에 걸어 요정을 쫓기도 했다(팅커벨보다 장난기 넘치는 말썽꾸러기에 가까운 요정이다).

삼하인(할로윈)에는 거슬리는 망자의 방문을 막기 위해 주니퍼 가지를 사용했다. 또한 주니퍼가 투시력을 가질 수 있게 돕는다고 믿었고, 망자와 소통하고 싶을 때는 주니퍼 가지를 태웠다. 이 향기로운 연기를 정화 의식에 쓰기도 했다.

주니퍼는 어떤 맛일까?

주니퍼는 한때는 매우 친숙한 향이었지만 요즘에는 주니퍼만 단독으로 맛볼 수 있는 경우가 거의 없다.
보통 다른 여러 풍미가 섞인 상태로 접하게 된다.

안젤리카

라벤더

감귤류

샌들우드

흑후추

주니퍼 자체는 감귤류 향이 가미된 소나무와 수지 맛이 난다. 향긋하면서 달콤씁쓸한 맛이다. 가끔은 라벤더와 장뇌, 흑후추 향이 느껴지기도 한다.

잘 익은 주니퍼를 증류하면 신선한 소나무와 풀 향에 약간의 허브 향이 느껴진다. 어떤 진에는 덜 익은 녹색 주니퍼를 사용하기도 한다. 이를 증류하면 잘 익은 주니퍼보다 흙과 나무 향이 더 느껴지고 삼나무와 샌들우드, 소나무의 풍미가 끝맛에 다시 두드러진다.

주니퍼의 주요 향기 분자는 알파-피넨으로 소나무와 가문비나무 향이 강하게 난다. 주니퍼에 함유된 양은 주니퍼가 자라는 곳에 따라 크게 달라진다. 진에서는 안젤리카 뿌리의 향이 주니퍼와 비슷해 둘을 혼동하는 경우가 많지만 안젤리카는 머스크와 나무 향이 좀 더 강하다. 안젤리카에는 베타-피넨과 주니퍼의 알파-피넨이 모두 함유되어 있다.

위기에 놓인 종

일반 주니퍼는 현재 상황이 별로 좋지 않다. 주니퍼 나무가 자생하는 자연 서식지의 수가 사상 최저치를 기록하고 있기 때문이다. 그 지역 내에서도 나무의 개체 수가 줄어들고 있는 형편이다. 이미 성장한 나무는 예전보다 생산성이 떨어져 번식에 어려움을 겪고 있으며, 영국에서는 가장 희귀한 토종 나무에 속하고 있다. 하지만 그 원인은 누구도 알지 못한다.

감염되어가는 식물

한 이론에서는 사이프러스와 주니퍼 나무를 감염시켜서 죽이는 곰팡이와 유사한 유기체인 토양 매개 병원균 피토프토라 아우스트로세드리를 원인으로 꼽는다. 이 균은 식물의 뿌리와 줄기를 손상시켜 토양에서 물과 영양분을 흡수하는 능력에 영향을 미친다. 감염의 징후는 잎이 갈변하고 잔가지와 본가지, 새싹과 뿌리가 점점 죽어가는 것이다.

현재까지 피토프토라 아우스트로세드리는 아르헨티나와 영국에서만 야생에서 발견된 바 있다. 아르헨티나에서는 칠레 삼나무를 감염시킨다. 영국에서는 2011년에 처음 발견되었지만 이미 오래전부터 존재했을 가능성이 크다. 1990년대 후반에 영국의 주니퍼 개체수를 늘리기 위해 종묘장에서 야생 종자를 재배해 자연 속에 새 묘목을 심는 캠페인을 진행하던 중 피토프토라 아우스트로세드리가 유입되었을 수 있다. 종묘장에서 감염된 식물과 건강한 식물이 섞여 병원균이 퍼졌을 가

영향을 받는 지역

영국과 스코틀랜드에서 피토프토라 아우스트로세드리로 인해 주니퍼가 생육 부진 또는 고사 징후를 보이고 있는 지역을 표시한 차트다.

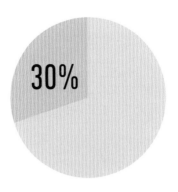

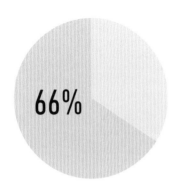

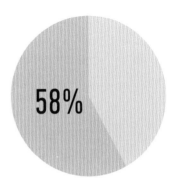

스코틀랜드 내
특별 보전 지역(SACs)
영향을 받은 지역의 30%

영국 내
과학적 특별 관심 지역(SSSIs)
영향을 받은 지역의 66%

스코틀랜드 내
과학적 특별 관심 지역(SSSIs)
영향을 받은 지역의 58%

식물 파괴자

진을 파괴하는 피토프토라는
1840년대 아일랜드에서
감자역병과 기근을 일으켰던
종과 같은 속이다.

능성이 있다. 유럽 전역의 식물 종묘장에서 피토프토라 아우스트로세드리가 발견되었다는 점이 이 가설을 뒷받침한다. 2011년부터 영국 전역, 주로 스코틀랜드와 잉글랜드 북부의 100여 개 지역에서 피토프토라 아우스트로세드리가 발견되었으며 이 중 일부는 종묘장에서 자란 묘목이었다.

피토프토라의 유기체는 토양에 서식하며, 수분의 이동과 동물 및 사람이 감염된 토양을 이동시키는 것에 의해 전파된다.

위기 관리

피토프토라 아우스트로세드리의 감염을 통제할 방법은 많지 않다. 아직 화학적인 퇴치법은 발견하지 못했다. 가능한 방법은 주니퍼 나무가 자라는 곳에 배수가 잘 되도록 하고 감염된 나무를 잘라내 감염이 확산되는 것을 늦추는 것뿐이다. 감염에 대해 자연적인 저항력을 보이는 나무도 있지만 아직 연구 결과로 확인된 바는 없다.

EU는 주니퍼 보호를 위한 법률을 제정해 회원국이 개체 수를 관리하고 유지하도록 하고 있다. 영국에서도 이 법은 계속 지켜질 가능성이 높지만 그 책임은 이제 토지 소유주에게 있다.

반격

일부 진 증류사는 주니퍼 나무를 다시 심으면서 반격에 나섰다. 예를 들어 영국 노섬벌랜드의 헤플 진 제조업체는 증류소에 필요한 만큼의 주니퍼를 모두 공급할 수 있을 정도로 재고를 충분히 마련하고 싶지만 그러려면 최소 20년이 걸린다고 한다. 그렇게 되기까지 엄격한 토양 검역을 실시하고 자체 소유지에서 번식한 주니퍼만 심고 있다.

마찬가지로 스코틀랜드 케이스네스에 자리한 록 로즈 진 증류업체도 2018년부터 자사 부지에 주니퍼를 심기 시작했다. 2028년까지는 스코틀랜드산 식물만 100% 사용해 진을 생산할 수 있게 되기를 바라고 있다. 그 전까지는 계속해서 불가리아와 이탈리아에서 주니퍼를 수입할 예정이다.

기타 주니퍼 종

주니페루스 코뮤니스만이 유일한 주니퍼 종은 아니며, 전 세계적으로 60여 종이 존재한다. 진에 대한 법적 정의에서는 대부분 아직도 일반 주니퍼를 명시하고 있지만 증류업체들은 진에 근본적인 연관성을 드러내는 풍미를 주입하기 위해 다른 종류의 주니퍼로 실험을 시작하는 중이다.

텍사스 또는
레드베리 주니퍼

이 주니퍼 종(주니페루스 핀초티)은 미국에서 자란다. 열매는 구리색에서 구릿빛을 띠는 붉은색이며 즙이 많고 수지 맛보다는 단맛이 강하다. 말린 크랜베리와 비슷하다.

그리스와 페니키아 주니퍼

레바논의 증류업체는 그리스 주니퍼(주니페루스 엑셀사)와 페니키아 주니퍼(주니페루스 페니세아)와 씨름해야 한다. 이들 나무는 오일을 많이 함유하고 있어서 길들이기 어려울 정도로 향이 강한 열매를 생산하기 때문이다.

아프리카 연필향나무

케냐의 증류업체는 아프리카 연필향나무(주니페루스 프로세라) 열매를 사용한다. 남반구에 자생하는 유일한 주니퍼 종으로 독특한 흙 향기를 풍긴다.

진의 역사 살짝 엿보기

진은 길고 때로는 조금 어두웠던 과거를 가지고 있다. 오늘날 우리가 즐기는 자유로운 정신이 항상 존재하던 것은 아니다. 진의 역사 속으로 들어가 일부 전성기와 암흑기에 대해 알아보자.

고대의 증류법

증류주는 오래전부터 존재했다. 중국에는 적어도 기원전 800년 전부터 쌀 맥주를 이용해 증류주를 만들었다는 증거가 남아 있다. 동인도 제도와 그리스, 이집트의 고대 제국에서도 2000년 전부터 증류주를 생산했다.

이집트 알렉산드리아 시의 연금술사는 기원전 1세기 혹은 2세기경에 고대 증류기를 개발했다. 그들은 취하기 위해서가 아니라 영생을 얻기 위해 포도주가 아닌 물을 기반으로 유압 증류법을 이용했다. 연금술로는 고작해야 향기로운 냄새가 나는 향수와 꽃 에센스 정도를 만들 수 있었을지 모르지만, 진정한 목표는 비금속을 금으로 바꾸고 불로장생을 가져다줄 '생명의 묘약'을 발견하는 것이었다.

증류법의 확산

증류법에 대한 지식은 연금술 학교가 존재하던 알렉산드리아에서부터 여러 세기에 걸쳐 중동 전역을 넘어 비잔틴 그리스와 페르시아로 퍼져 나갔다. 그리고 확산되면서 점차 개선되어갔다. 6세기에는 2개의 조잡한 용기를 관으로 연결한 고대 증류기가 유리 증류기로 발전했다.

7세기에는 아랍인이 알렉산드리아와 페르시아를 정복하면서 유압 증류법을 익히게 되었다. 아랍의 과학자들은 이 기술을 꾸준히 개선해 결국 포도를 증류하는 법을 발견했고 이어서 그 외 다른 용도로는 거의 쓸 일이 없었던 와인을 증류하는 법을 찾아냈다.

이슬람 학자의 증류법 개선

8세기까지 거슬러 올라가는 증류에 대한 가장 오래된 문헌을 남긴 사람은 아부 무사 자비르 이븐 하얀(721~815년)이라는 이슬람의 연금술사 겸 철학자다. 그는 와인과 소금을 끓인 병 입구에서 인화성 증기를 발견했다고 기록했다.

이후 수십 년간 다른 무슬림 과학자는 잉크와 광택제, 의약품, 화장품을 만들기 위한 용매로 알코올을 사용하는 것에 대한 기록을 남겼다. 알코올을 최초로 대량 생산한 사람은 아랍 안달루시아의 화학자이자 외과 의사인 아부 알 카심 알 자라위(936~1013년)였다. 알코올을 대량으로 생산하려면 물을 사용해 증기를 빠르게 냉각시켜야 하는데, 이를 위해 필

증류 과정
『일곱 가지 기후의 책』의 삽화에는 증류 과정이 그려져 있다. 이 그림은 13세기의 이슬람 학자 아부 알 카심 알 이라키의 연금술에 관한 18세기 책에서 가져온 것이다.

요한 냉각 기술의 개선 방안을 고안한 사람이
바로 알 자라위였다.

살레르노에서 퍼져 나간 지식

기독교계와 이슬람계는 이탈리아 나폴리 남
부의 살레르노에서 마주한다. 이곳에 자리한
세계에서 가장 오래된 의과대학에 라틴어와
그리스어, 히브리어, 아랍어로 된 기록이 축적
되어 있기 때문이다. 이 학교의 강사진은 세계
최고의 의사들이었다. 살레르노는 이슬람교
도와 기독교도가 서로의 생각을 공유하는 용
광로였다. 그들은 또한 아랍어와 히브리어, 그
리스어로 쓰인 의학 서적을 라틴어로 번역했
는데, 이 중에 자비르(서양 학자에게는 게버라고
알려진)의 책이 포함되어 있었다.

유럽에서는 문맹 퇴치와 의학이 가톨릭교
회의 손에 집중되어 있었기 때문에 여러 기독
교 국가의 성당과 수도원 학자가 살레르노에

스콜라 메디카 살레르니타나
살레르노 의과대학은 9세기에 설립되었으며 현대 문명
에서 가장 오래된 의과대학으로 꼽힌다.

왔다가 증류에 대한 새로운 지식을 가지고 돌
아갔다.

기독교도가 아랍인으로부터 증류의 비밀
을 배운 곳은 살레르노뿐만이 아니었다. 특히
와인과 아라크(증류 와인)로 유명한 이집트와
이라크, 시리아에도 기독교 수도원과 수녀원
이 있었다. 바그다드와 같은 대도시에서는 비
이슬람교도가 와인 가게를 운영하기도 했다.
이슬람교가 통치하던 안달루시아(알 안달루스)
에서도 와인 무역이 중요했다.

살레르노에서 돌아온
기독교 학자는 새롭게 알아낸
증류에 대한 지식을 전파했다.

진 열풍

수백 년을 거슬러 올라간 18세기 초반의 런던은 진을 마시는 것이 어색하고 반항적인 10대와 같은 시절을 겪고 있었다.

영국-네덜란드의 국면

1600년대 후반, 영국 내전(1642~1651년)의 기억이 아직 국민의 뇌리에 생생하게 남아 있던 영국은 개신교와 가톨릭으로 분열된 나라였다. 가톨릭 신자이자 스코틀랜드 출신인 제임스 2세가 왕위에 올랐지만 개신교 귀족 사이에서는 그다지 인기가 없었다. 결국 1688~1689년에 일어난 명예혁명으로 제임스 2세는 폐위되었고 개신교 신자인 네덜란드의 오렌지공 윌리엄 왕자가 통치하게 되었다.

윌리엄은 1689년 영국 왕위에 올랐고(윌리엄 3세가 된다) 제임스의 딸이자 그의 아내인

메리 2세와 함께 공동 군주로 영국을 통치했다. 윌리엄은 네덜란드의 진과 비슷한 증류주인 게네베르(15쪽)를 즐겨 마시는 취향을 함께 수입해왔다.

1690년 영국 의회는 옥수수(밀)로 증류주를 만드는 것을 장려하는 법을 제정함으로써 영국에서 생산된 증류주가 지금까지 인기를 끌었던 프랑스 브랜디를 대체할 수 있게 만들었다. 아울러 1694년에 제정된 또 다른 법에 따라 맥주에 새로운 세금이 부과되면서 진이 이 두 종류의 술 중 더 저렴한 술이 되는 발판이 마련되었다.

윌리엄이 1702년에 사망하면서 앤 여왕이 그 뒤를 이었다. 같은 해에 그 전까지 런던에

서 증류주를 독점하던 증류업체 조합이 설립 허가를 잃었다. 사람들은 순식간에 진을 더 많이 생산하고 마시기 시작했다. 연이은 풍작으로 노동자의 임금이 오르고 식량 가격이 하락하면서 술에 돈을 쓸 여유가 생겼다. 1700년에는 연간 소비량이 450만 리터가 조금 넘었지만 1714년에는 그 두 배가 되었고, 이후 수십 년간 더욱 빠르게 증가했다.

점점 심해지는 영국의 숙취

1700년대 초반은 영국의 인구가 변화하는 시기였다. 의회는 노지와 공유지를 개인 소유로 전환하는 인클로저법을 대거 도입했다. 가지고 있던 작은 토지를 몰수당하고 적은 보수를 받으며 고된 노동에 시달리던 농촌 노동자는 더 나은 삶을 찾아 도시, 특히 런던으로 이주했다. 대부분은 더 나은 삶을 찾지 못했다.

계급에 기반한 영국 사회는 노동자를 빈곤하게 만들어 고용주에게 의존하게 했으며 이것이 자연스러운 질서라는 속물근성이 팽배했다. 도시의 미숙련 노동자에 대한 수요는 적었지만 매일 더욱 많은 노동자가 유입되어 임금도 낮았다. 굶주림과 지독한 가난은 삶을 비참하게 만들었다.

달리 선택지가 없던 많은 도시 빈민은 술에 의지했다. 그들이 찾는 술은 가장 저렴한 진이었다.

런던 슬럼가
1700년대 런던의 일부 지역에서는 사람들이 끔찍할 정도로 열악한 환경에 거주했다. 그들이 술을 찾게 된 것도 어쩌면 당연한 일이었다.

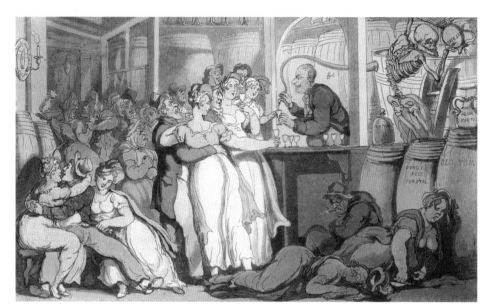

죽음의 춤

토머스 롤런드슨의 삽화에는 선술집에서 술을 마시는 사람들의 모습이 그려져 있다. 여기에는 다음과 같은 설명이 붙어 있다. "어떤 이는 칼과 총알로 죽음을, 또 어떤 이는 식도로 흘러내리는 액체로 죽음을 맞이한다."

어머니의 파멸

영국에서의 진은 역사가 짧았기 때문에, 맥주는 전통적으로 남성의 공간이던 에일하우스나 선술집과 긴밀한 상관관계가 있었지만 진은 그렇지 못했다. 여성은 남성 못지않게 진에 열광했지만 그만큼 가혹한 대우를 받기도 했다. 아기를 방치한 채 진을 마시거나 아기를 달래기 위해 진을 먹인다는 비난이 쏟아지며 진에게는 '어머니의 파멸'이라는 별명이 붙게 되었다.

1723년에는 런던의 사망률이 출생률을 넘어섰다. 이후 10년간 사망률은 점점 더 높아졌다. 이 무렵에는 런던에서만 매년 약 2,300만 리터의 진이 증류되었고 '독한 물'을 판매하는 상점과 가정의 수는 6,000개 이상으로 늘어났다. 이는 런던 전체 가구의 약 4분의 1이 진 가게였다는 뜻이다. 그러니 런던의 많은 아기가 태아 알코올 증후군을 가지고 태어난 것도 당연한 일이었다. 당시 런던에서 태어난 아이 4명 중 3명은 5세가 되기 전에 사망했다.

진을 비난한 디포

1728년 영국의 작가 대니얼 디포는 런던의 많은 문제를 진의 탓으로 돌리면서 여성, 특히 어머니의 음주 습관을 비난했다. 그는 '한 시대도 채 지나지 않아 너끈히 한 세대의 씨가 마를지도 모른다'고 기록했다. 많은 상류층 또한 병든 국가에 대한 같은 두려움을 공유했다. 공장과 외국에서 일어나는 전쟁에 투입할 젊은이가 없다면 영국은 어떻게 될 것인가?

음주에 관련된 에피소드

진 열풍의 맥락을 파악하려면 연령과 성별, 계층과 관계없이 음주가 일반적이었다는 점을 이해하는 것이 중요하다. 부유한 상류층이 '하류층'이 술을 과도하게 마신다고 '우려하는' 것은 아무리 좋게 보려 해도 위선적인 행위였다.

진 규제법

상류층은 동정심을 느낀 것이 아니라 못마땅해 한 것이었다. 잘못된 부류의 사람들이 잘못된 종류의 술을 마시면서 잘못된 방식으로 즐거운 시간을 보낸다는 식이었다. 그들은 가난한 사람이 '사치'를 부리면서 본인의 신분을 뛰어넘는 사상과 오락에 익숙해지면 기존의 사회 질서를 뒤엎을 수 있어 위협이 된다고 생각했다.

역대 정부는 진 규제법으로 알려진 여러 법률을 통해 진 음주를 통제하려 했지만 실패했다. 1729년의 첫 번째 법은 소매업자에게 면허를 부여하고 주니퍼베리 또는 기타 재료가 첨가된 증류주에 세금을 부과해 진 판매를 제한하고자 했다. 사람들은 이 법을 널리 위반했고(주니퍼를 제거하면 그만이었다) 대형 증류업체들은 이를 폐지시키기 위해 열심히 로비를 벌였다.

1733년에 제정된 두 번째 진 규제법은 선술집에서 진을 마시는 것을 장려하고자 시도했지만 오히려 수천 개의 지하 진 판매점을 만들어내고 말았다. 1736년에 제정된 세 번째 진 규제법은 엄청난 세금, 실행 불가능한 수준의 최소 판매량, 소매업자 면허 대금 인상 등을 이용해 많은 유명 선술집을 폐업으로 몰아넣었다.

풍자 판화
익명의 예술가가 진 규제법을 풍자해 그린 <마담 게네베르의 장례식>이다.

진 골목

1751년에 발표된 윌리엄 호가스의 판화 작품에는 진을 마시고 난 후 벌어진다고 알려진 방탕과 취기가 묘사되어 있다.

희생양이 된 진

정부는 무면허 진 판매상을 기소하기 위해 정보원을 고용했다. 이들 정보원은 평판이 매우 나빠 자주 공격당하거나 심지어 살해당하기까지 했다. 사람들은 거리에서 항의 시위를 벌였고 진 판매량은 계속 증가했다. 이런 사회적 불안은 가난한 사람들이 도피하기 위해 마셨던 진이라기보다 견뎌야만 했던 참을 수 없는 환경 때문이었을 가능성이 높지만 부유층이 사회의 병폐를 비난하기에 유용한 희생양이 바로 진이었다.

진 골목: 열풍이 절정에 달하다

런던의 진 열풍은 1743년 연간 소비량이 3,600만 리터에 달하면서 절정에 이르렀다. 그 무렵 다시 유럽 전쟁에 휘말린 영국 정부는 자금을 조달해야 했기에 결국 진 소비를 줄이기 위한 진 규제법을 도입했다.

이번에는 판매자가 아닌 증류업체를 겨냥했다. 증류업체가 일반인에게 직접 판매하는 것을 금지하고 소비세를 인상한 것이다. 아울러 소매업 면허를 1파운드로 낮추어 점잖은 선술집이 다시 사업을 시작할 수 있게 함으로써 정보원이 더 이상 필요하지 않게 되었다.

소비가 줄어드는 데도 불구하고 진의 끔찍한 영향력에 대한 불만과 불평은 계속 이어졌다. 런던에 갓 도착한 농장 노동자가 진을 과음한 후 사망하는 사건이 발생하면서 진이 또다시 비난의 대상이 되었다. 과음 후 우연히 발생한 화염에 휩싸인 여성의 사고 원인으로도 진이 지목되었다. 메리 에스트윅이 의자에서 기절해 돌보던 아기가 불에 타 사망한 것도 진의 탓이었다. 주디스 듀푸르가 어린 딸을 죽이고 그 옷을 팔아 술값을 마련한 것도 진의 책임이었다.

1749년, 진의 전성기는 지났지만 목을 축이길 원하는 런던 시민이라면 여전히 1만 7,000군데가 넘는 진 가게를 찾아갈 수 있었다. 윌리엄 호가스의 <진 골목>이라는 판화 작품이 등장한 것은 이로부터 얼마 지나지 않은 1751년의 일이었다. 이는 본질적으로 맥주 양조업자를 대변하는 선전물이었으며 건전하고 자연스럽고, 무엇보다 영국적인 맥주의 이미지와 대조적으로 진을 마시는 것에 대한 공포감에 크게 치우친 작품이었다. (물론 사람들은 맥주를 마시고도 진을 마셨을 때처럼 취할 수 있고 실제로 취했다.)

독주법

1751년 치안 판사 헨리 필딩은 『최근의 강도 증가 원인에 대한 탐구』를 발표했다. 이때까지만
해도 진과 범죄는 대중의 상상 속에서 밀접하게 연관되어 있었다.

종말의 시작

진 열풍이 불던 시절, 런던의 범죄는 증가했지
만 인구도 함께 증가했다. 즉 실제 범죄율은
다소 안정적이었다. 신문이 성장하고 식자율
이 높아지면서 범죄에 대한 공포가 확산되었
고, 진을 비판하는 사람들은 이를 악용했다.

1751년 정부는 다시 한번 진에 대해 조치를
취해야 한다는 강박에 시달리며 '독주법'을 도
입했다. 마지막 진 관련 법안이자 진 열풍의
종말을 알리는 신호탄으로 여겨지는 법이었
다. 주류에 부과하는 세금을 일부 인상하면서
에일하우스와 선술집, 여관에서만 판매할 수
있는 소매 면허 대금을 두 배로 올렸다.

진의 공급은 이로 인해 급격하게 줄어들었
으며, 뒷골목과 진 상점에서는 진 판매가 중단
되었다. 이후 1752년까지 (합법적으로) 생산된
증류주의 양은 3분의 1 이상 감소했다.

성 크리스핀 축일

영국의 풍자만화가 조지 크룩섕크의 판
화에는 런던의 페티 프랑스에서 성 크
리스핀 축일을 기념하는 진 법정 난투
극이 묘사되어 있다.

독주법이 발효되면서 뒷골목의 진 행상이 사라지고
에일하우스와 선술집, 여관으로
술 판매량이 옮겨갔다.

진의 리셋 버튼

1757년 흉작으로 인해 빵 부족에 대한 두려움이 커졌다. 이에 영국 정부는 곡물을 이용한 증류를 금지하고 옥수수와 맥아의 수출을 중단해 소량의 밀과 보리로 국민이 먹고 살 수 있게 했다. 이러한 조치는 1758년에 또다시 흉작이 발생하면서 연장되었다.

증류주 생산이 완전히 중단된 것은 아니었다. 일부 증류사는 수입 당밀을 이용해 술을 만드는 식으로 방식을 전환했지만 증류기에서 쏟아져 나오던 진의 양에는 미치지 못했다. 수입업자들은 진의 공백을 메우기 위해 럼주를 찾기도 했다. 그럼에도 불구하고 런던 사람들은 술을 훨씬 적게 마셨다.

1759년은 풍작이었고, 농부와 증류업체는 증류 금지령을 해제할 것을 요구했다. 알코올 전면 금지를 지지하는 교회와 도덕 개혁가의 주장에도 불구하고 정부는 1760년 초에 옥수수 증류를 재개했다. (이것이 결국 국가의 주요 수입원이기도 했다.) 증류주에 대한 소비세는 두 배로 인상되었고, 정부는 해외로 수출하는 모든 증류주에 대해 보조금을 지급했다.

열풍 이후

도시 빈민은 계속해서 술을 마셨지만 다시 증류주보다 저렴해진 맥주로 돌아갔다. 진은 서서히 명성을 얻기 시작했고, 증류 규제로 인해 결국 소수의 증류업체가 업계를 지배하게 되었다. 진의 품질도 개선되기 시작해 우리가 오늘날 즐기는 술과 비슷해졌다. 1760년 곡물 증류가 다시 도입된 이후 18세기 후반에는 그린올스(1761년), 고든스(1769년), 플리머스(1793년) 등 유명한 진 브랜드가 여럿 탄생했다. 1794년에는 런던에서만 웨스트민스터, 런던 시, 사우스워크 지역에 40개 이상의 증류소가 운영될 정도로 진 생산은 탄탄한 산업으로 자리 잡게 된다.

밤
윌리엄 호가스의 풍자만화 <밤>의 일부로,
술 취한 남자가 하인의 부축을 받으며
집으로 돌아가는 모습을 묘사했다.

진 팰리스

1800년대 초반의 영국 펍은 다소 칙칙하고 음침한 분위기였다. 어두운 벽돌과 나무 덧문, 촛불로는 밝힐 수 없었던 그림자를 생각해보자. 건축학적으로 보자면 일반 주택과 큰 차이가 없었지만 이 모든 것이 곧 변화를 맞이하게 되었다.

기원

영국에는 불법 수입한 진이 넘쳐났다. 너무나 많은 양이 밀수되어 켄트 지방 사람은 창문을 닦는 데 사용했다고 한다. 정부는 이렇게 세금이 부과되지 않은 술이 유통되는 것을 달가워

런던 진 팰리스
1821년 작 그림에 런던의 진 팰리스에서 다양한 계층과 지위의 사람들이 '완전한 파멸(blue ruin, 싸구려 진의 별명 중 하나 - 옮긴이)'이라 불리던 진을 마시는 모습이 묘사되어 있다.

하지 않았고, 1825년 합법적인 술 관련 세금을 거의 절반인 갤런당 6실링(오늘날 기준으로 약 1리터당 6파운드)으로 인하했다.

그 결과, 예상할 수 있듯이 진 마시기가 새로운 붐을 일으켰다. 1825년에는 1,680만 리터였던 소비량이 1826년에는 3,360만 리터로 급증했다. 진에 대한 애주가의 갈증을 충족시키기 위해 새로운 분위기의 술집이 등장하기까지는 그리 오랜 시간이 걸리지 않았다. 이 새로운 진 팰리스(진 궁전이라는 뜻으로 화려하게 꾸민 싸구려 술집에 붙은 별명 - 옮긴이)는 높은 천

장과 두 배 높이의 창문, 빛을 사방으로 반사하는 식각을 새긴 반투명 거울, 광택이 흐르는 마호가니 바 위에서 반짝이며 화려한 몰딩을 비추는 사방에 설치된 가스등이 현대적인 감각으로 오감을 자극하는 장소였다. 마치 미래에 존재할, 빅토리아 시대 스타일로 꾸민 라스베이거스의 술집에서 술을 마시는 듯한 기분이었을 것이다.

하지만 진 팰리스에 부족한 것이 있었으니 바로 앉을 자리였다. 진 팰리스는 친구와 함께 머물면서 대화를 나누고 즐거운 저녁 시간을

진 팰리스가 남긴 유산

진 팰리스는 빅토리아 시대 펍 특유의 화려하고 빛으로 가득 찬 인테리어라는 유산을 남겼으며, 오늘날에도 곳곳에서 그 느낌을 찾아볼 수 있다.

진 팰리스의 짧은 통치 기간은 오랫동안 기억될 유산을 남겼다.

첫 6개월 동안에만 2만 5,000개의 신규 면허가 발급되었다. 노동자 계급의 애주가는 다시 한번 저렴한 파인트 술과 편히 앉을 수 있는 자리로 돌아갈 수 있게 되었다.

진 팰리스의 짧은 통치 기간은 막을 내렸지만, 오늘날에도 여전히 찾아볼 수 있는 고전적인 빅토리아 시대 분위기의 펍을 비롯해 오랫동안 기억될 유산을 남겼다. 빅토리아 시대의 공공사업인 공원과 공공 도서관, 현재 런던의 내셔널 갤러리 터가 번성할 수 있었던 것도 어느 정도는 진 팰리스 덕분이다. 이러한 시설은 (적어도 부분적으로는) 런던의 가난한 계층에게 술에 취해 죽는 것보다 더 나은 삶을 제공하기 위해 생겨났기 때문이다.

보낼 수 있는 장소가 아니었다. 그저 술꾼들을 맨정신과 돈으로부터 효율적으로 분리할 수 있는 기계일 뿐이었다.

진을 더 마시자!

진 팰리스에는 음식이나 개인 공간, 신문 등 방해 요소가 일절 없었다. 그저 술을 빨리 마실수록 좋고, 실컷 마신 손님이 떠나면 더 많은 손님이 찾아와서 똑같이 진탕 마실 수 있게 하는 것이 전부였다.

그리고 진에 목마른 사람이 딱 원하는 대로 행동하기 위해 몰려들었다. 런던에서 가장 큰 진 팰리스 14곳에만 매주 50만 명 이상의 사람들이 쏟아져 들어왔다. 손님은 가난했고 진은 저렴했지만 그래도 많이 좋은 진 팰리스에서는 60초에 1기니, 오늘날 기준으로는 약 100파운드 정도를 벌 수 있었다.

반면 오래된 펍은 장사가 잘 되지 않았다. 많은 펍이 문을 닫았고, 일부는 새로운 진 팰리스 스타일로 꾸며 재개장했다. 물론 쉬운 선택은 아니었다. 진 팰리스의 화려한 스타일에 맞추어 펍을 개조하려면 당시로서는 엄청난 금액인 3,000파운드가 필요했다.

맥주의 반격

1830년 영국 의회는 다시금 세금이라는 칼자루를 휘둘렀고, 이번에는 진자의 법칙이 맥주를 향했다. 영국 맥주에 대한 관세를 철폐하고 맥주 양조 및 판매에 대한 제한을 완화한 것이다. 이로 인해 영국 전역, 특히 급속히 팽창하던 영국 북부의 산업 중심지에서 새로운 공공 주택과 양조장이 폭발적으로 증가했다.

코츠앤코 플리머스 진

코츠앤코는 1793년부터 해군 도시 플리머스에 자리한 블랙 프라이어스 증류소에서 플리머스 진을 생산했다. 코츠앤코의 진은 대부분 영국 해군이 장교를 위해 구입했다.

성년이 된 진

1800년대를 거치면서 진은 거칠고 조잡한 뿌리에서 벗어나 오늘날 우리가 알고 있는 음료가 되었다. 진의 정신적 고향은 영국이지만, 이때는 진이 전 세계로 퍼져 나가기 시작한 최초의 시기이기도 하다.

런던 드라이의 등장

1831년 아일랜드의 발명가 이니어스 코페이는 쉬지 않고 작동시킬 수 있으며 90%가 넘는 도수의 알코올을 생산할 수 있는 새로운 형태의 증류기(52쪽)에 대한 특허를 받았다. 코페이는 그전까지 증류소의 소비세 징수원으로 20년 이상 근무했기 때문에 기존 증류기와 그 한계에 대해 잘 알고 있었다. 이후 1826년에 증류솥 대신 2개의 연결된 증류탑으로 이루어지도록 개선한 새로운 증류기를 만들어냈다. 코페이의 새로운 증류기는 이전 모델보다 훨씬 효율적이고 경제적으로 순도 높은 알코올을 만들어낼 수 있었으며 매우 빠르게 인기를 얻었다. 1800년대 중반에는 이 증류기로 만든 진의 품질이 크게 향상되어 오늘날 우리가 즐기는 진에 훨씬 가까워졌다.

증류사는 이전에는 진에 설탕을 첨가해 거친 알코올 맛을 부드럽게 만들었지만 이제 그럴 필요가 없어서 설탕을 빼기 시작했다. 이 새로운 스타일의 진은 드라이 진으로 불리다가 런던 드라이 진(73쪽)이 되었다.

세계 무역

1800년대 중반, 영국은 전 세계로 상품을 운송하는 방대한 선박을 바탕으로 세계에서 가장 강력한 무역 국가가 되었다(35쪽). 의회가 1850년 진에 대한 수출 관세를 철폐하면서 진은 런던에서부터 새로운 시장으로 퍼져 나가기 시작했다. 진은 영국 해운 함정을 타고 바다로 나가 영국 군인과 함께 새로운 땅으로 향했다. 이 시기에 사람들은 진에 토닉과 비터스, 라임을 섞어 마시기 시작했다(37쪽).

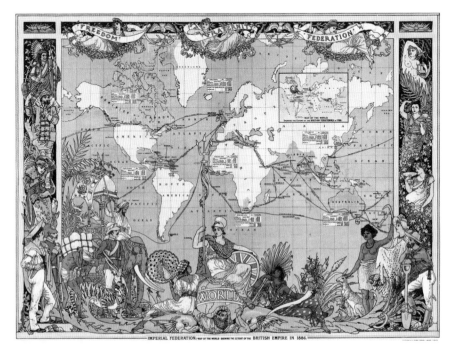

세계적인 제국
1886년에 제작된 월터 크레인의 세계 지도를 보면 19세기 대영제국의 범위를 확인할 수 있다.

진은 와인이라는
경쟁자의 부재로 인한 혜택을 톡톡히 누렸다.

진 증류업체
비피터와 헤이먼스(1863년),
시그램스(1883년) 등 유명한
진 증류업체 중에는 이처럼
1800년대 후반에 설립된
경우가 많다.

마티니 타임

마티니는 1888년에 만들어졌다. 물론 100% 확실한 것은 아니다. 우리가 아는 사실은 골드러시 시대(1848~1855년)에 캘리포니아 주변에서 마티니와 비슷한 음료에 대한 흐릿한 기억이 나타나기 시작했다는 것이다. 올드 톰 진(74~75쪽)과 달콤한 베르무트에 아마도 오렌지 큐라소와 비터스를 섞은 혼합 음료이자 마티네즈(141쪽)의 바탕이 되었던 이 조합이 이후 수십 년간 진화하면서 마티니가 된 것으로 보인다. 아직 드라이 마티니(131쪽)에는 이르지 못했지만 진이 많이 발전해 이런 식으로 마시는 것 자체가 괜찮은 아이디어로 느껴지기 시작했다는 것은 주목할 만한 사실이다.

진의 부흥기

1860년대에 필록세라가 유행하면서 진은 부흥기를 맞이했다. 이 작은 기생충은 대서양을 건너 프랑스의 포도밭에 유입되면서 '프랑스 와인 대재앙'을 일으켰다. 진딧물이 퍼뜨린 질병으로 인해 많은 포도밭이 파괴되었고 막강하던 프랑스 와인 산업은 거의 전멸할 뻔했다. 프랑스 와인과 이를 원료로 만든 브랜디의 공급이 10년 이상 중단되었고, 이에 사람들은 다른 음료로 눈을 돌렸다. 진은 이러한 경쟁자의 부재로 인한 혜택을 크게 누렸다. 비피터

와 헤이먼스(1863년), 시그램스(1883년) 등 유명한 진 증류업체는 이처럼 1800년대 후반에 설립된 경우가 많다. 미국 최초의 드라이 진은 1868년 플라이시만 형제가 오하이오 주 신시내티에 증류소를 설립하면서 등장했다.

1890년대에는 유리 제조 기술이 개선되면서 투명한 유리 제품이 보편화되었다. 그 전까지는 진을 나무통이나 도기 항아리에 담아 판매했다. 새롭게 등장한 투명한 유리병은 그 안에 담긴 증류주의 투명한 모습을 완벽하게 보여줄 수 있었다.

마티니
1880년대에 이르러 진은 마티니라는
존재를 탄생시킬 정도로 발전했다.

제국의 그림자

진의 역사는 토닉의 역사와 밀접하게 연관되어 있으며, 둘 다 식민 지배와 제국으로 얼룩져 있다. 이 역사는 대부분 식민지가 아닌 식민지 지배자의 이익을 위해 형성되었으므로 수많은 불의와 고통이 채 씻겨 나가지 못한 채로 남아 있다.

향신료 무역

유럽인은 수 세기 동안 정향과 너트맥, 메이스와 같은 향신료를 즐겨 먹었지만 1500년대 초반까지만 해도 그 기원에 대해서는 무지한 상태였다. 향신료는 현재 몰루카(또는 말루쿠 제도)라고 불리는 인도네시아 군도의 작은 향료 제도에서 생산되었다.

향신료에 대한 유럽인의 갈망은 식민지 개척과 제국 확장의 토대가 되었다. 포르투갈의

탐험가 바스코 다 가마가 1497~1499년에 인도로 향하는 항로를 발견한 뒤 얼마 되지 않아 포르투갈이 전 세계 향신료 무역의 대부분을 장악했다. 포르투갈은 이 지배력을 거의 한 세기에 걸쳐 유지했지만, 결국 1602년 네덜란드 동인도회사(VOC)를 설립한 네덜란드가 이를 물려받았다. VOC는 동인도 지역의 영토를 통치하면서 자체 조선소를 운영하고 자체 요새를 건설했으며 자체 군대를 양성하면서 자체적인 이름으로 조약을 체결할 수도 있었

다. 포르투갈과 영국, 네덜란드는 오랫동안 향료 제도의 지배권을 차지하기 위해 싸웠다. 이렇게 투쟁이 이어지는 동안 섬의 현지 주민도 식민지 세력과 대결했다. 그 대가는 피비린내 나는 억압이었다. 도시가 불타 잿더미로 변하고 수천 명이 학살되거나 추방되고 노예로 전락했다. 최근 들어서까지 역사는 원주민의 고통을 무시하는 경향이 있었다.

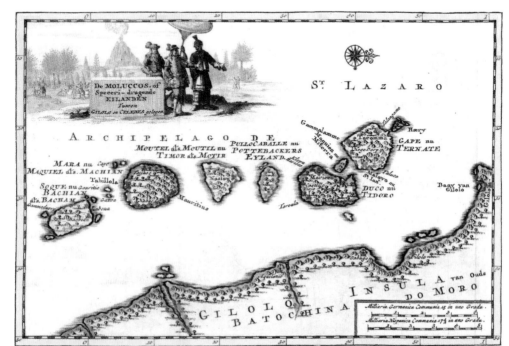

향료 제도
1707년 네덜란드의 지도에는 동인도 지역의 작은 향료 제도가 표시되어 있다.

동인도회사의 앞마당
1680년대에 그려진 이 그림에는 동인도회사의 선박이 템스 강의 뎁포드에 정박되어 있는 모습이 묘사되어 있다.

부의 약탈

1500년대 후반 초기 유럽인의 인도양 항해 성공은 영국 상인으로 하여금 자체적으로 동인도회사(EIC)를 설립해야겠다는 영감을 주었다. 결과적으로 대영제국은 전 세계로 영향력을 떨치게 되었지만 그 엄청난 부의 원천은 대부분 인도였다.

1600년대 초 EIC가 인도 아대륙에 상륙했을 당시 영국은 전 세계 제조업의 약 3%를 차지하는 상태였다. 인도는 전 세계 인구의 25%가 거주하는 나라이자 전 세계 국내총생산(GDP)의 약 35%를 차지했다.

자체 군대를 보유한 EIC는 곧 벵골을 점령하고 현지 통치자에게 무역을 강요했다. 이후 아대륙 전역으로 세력을 확장하면서 현지 통치자에게 뇌물을 주고 꼭두각시 정권을 세워

약탈을 일삼았다. 영국은 곧 다른 곳에도 식민지를 설립하기 시작했고, 1760년대에는 북미와 카리브 해 대부분을 지배하게 되었다.

이러한 식민지와 인도 덕분에 영국은 진의 맛을 내는 데 필요한 모든 재료를 쉽게 확보할 수 있었다. 이들 재료는 배를 통해 영국으로 들어와 템스 강을 따라 런던에 입성했다. 런던은 또한 블룸즈버리와 클레르켄웰의 샘에서 나오는 곡물과 담수를 풍부하게 이용할 수 있었기 때문에 진 증류에 이상적인 허브 역할을 했다.

1800년대 초반 영국 EIC의 군대 규모는 영국 정규군의 두 배에 이르렀고, 인도에서의 연간 수입은 오늘날 기준으로 약 3억 파운드에

달했다. 벵골 총독부의 초대 총독인 로버트 클라이브는 영국 EIC의 소장이기도 했다. 그는 아내의 애완용 흰족제비에게 오늘날 기준으로 26만 2,000파운드에 달하는 다이아몬드 목걸이를 걸어줄 정도로 부자였다고 한다.

EIC는 영국에서도 권력을 축적했다. 예를 들어 제국의 부와 상품이 흘러 들어오는 런던 부두를 건설하는 등 막대한 비용을 지출했다. 수익의 일부는 부패한 선거구(유권자 수는 매우 적지만 의원을 선출할 수 있는 조건의 선거구)에서 그 주주들이 의회에 선출되게 만드는 데 쓰였다. EIC는 입법부의 4분의 1을 장악했다. 서류상으로는 독립된 기관이었지만 실제로는 영국의 또 다른 부패한 기관이었던 셈이다.

동인도회사의 군대는
영국군보다 규모가
두 배나 컸다.

토닉의 조연급 역할

말라리아를 퇴치한 퀴닌이 없었다면 EIC 군대와 이후 영국군이 그렇게 큰 성공을 거둘 수 있었을지 의문스럽다. 토닉 워터에 독특한 풍미를 부여하는 이 쓸쓸한 알칼로이드는 안데스 열병 나무(기나나무 종)의 껍질에서 추출한다. 이 나무는 현재 에콰도르와 볼리비아, 페루에 걸쳐 있는 동부 안데스 산맥의 운무림이 원산지다.

유럽인은 1600년대 초반에 케추아족과 카냐리족, 치무족 원주민으로부터 안데스 열병 나무의 치료 효과를 처음 알게 된 이후 오랫동안 열병을 퇴치하는 데 사용했다. 스페인 선

교사가 이 나무를 유럽으로 가져오면서 '예수회의 나무껍질'이라는 이름이 붙었다. 아이러니하게도 유럽인에게 퀴닌이 필요했던 이유인 가장 치명적인 말라리아는 식민지가 아메리카 대륙으로 확장되기 전까지는 안데스 산맥 동부에 존재하지 않았다.

이후로 300년간 이 나무껍질에서 추출한 퀴닌은 1900년대 초까지 유럽 전역에서 흔했던 말라리아에 유일하게 효과적인 치료법이었다. 게다가 말라리아를 치료하는 데 그치지 않고 예방할 수도 있었다(우측 상자 참조).

결국 퀴닌은 제국의 지배와 확장을 위한 중요한 도구가 되었다. 퀴닌의 발견은 특히 치명적인 말라리아 변종으로 인해 그때까지 '백

안데스 열병 나무
『쾰러의 약용 식물』(19세기)에 실린 삽화에서 신코나 칼리사야라는 기나나무를 볼 수 있다. 여러 기나나무 종의 껍질에 퀴닌이 함유되어 있다.

Cinchona Calisaya Weed.

Rubiaceae

말라리아 예방

일부 역사학자는 1854년 니제르 강을 따라 탐험하던 스코틀랜드 의사 윌리엄 밸푸어 배이키가 처음으로 말라리아 예방에 퀴닌을 사용한 것으로 본다. 하지만 그보다 거의 한 세기 전부터 퀴닌이 이런 방식으로 쓰였다는 증거가 있다. 1768년 영국의 해군 외과 의사 제임스 린드(위)는 말라리아가 만연한 열대 항구의 선원에게 매일 기나나무 분말을 섭취할 것을 권장했다고 한다.

인의 무덤'으로 불렸던 아프리카 내륙을 유럽이 탐험하고 식민지로 개척할 수 있도록 개방되게 만들었다. 또한 영국이 인도에서 제국의 지배를 강화하는 데 필요한 인력을 유지할 수 있게 했다.

퀴닌 가루를 약으로 복용할 때는 끔찍하게 쓸쓸한 맛을 가리기 위해 설탕과 탄산수를 섞기도 했다. 하지만 대부분은 와인이나 진, 럼 등 주로 술과 섞어 마셨다. 최초의 시판 토닉 워터는 1858년 에라스무스 본드가 특허를 받았다. 이 제품은 해열제가 아니라 소화제 및 일반 강장제로 판매되었지만 바로 인기를 끌지는 못했다.

1860년대에 영국이 페루에서 기나나무 묘

'진토닉'에 대한
최초의 기록은 1868년에 발간된
<오리엔탈 스포팅 매거진>에서
찾아볼 수 있다.

피츠 탄산 토닉 워터
피트앤코의 소유주 에라스무스
본드는 자사의 토닉 워터를 소화
제이자 일반 강장제로 판매했다.

목을 훔쳐 와서 인도에 자체 농장을 설립해 자립적인 퀴닌 공급망을 확보했다. 네덜란드 인도 자바에 묘목을 가져갔다. 여전히 페루를 지배하던 스페인은 생계 수단을 빼앗길 것이라 생각한 현지 주민의 기원에도 불구하고 이를 허용했다.

이 새로운 농장은 기나나무 껍질을 재배하고 수확, 가공해 퀴닌과 기타 알칼로이드 성분을 생산하는 계약직 노동자에게 의존했다. 노동자는 대체로 지역 주민이었으며 때로는 가족 전체가 노동의 대가로 대지를 약속받기도 했다. 부족한 인력을 보충하기 위해 외지인, 심지어 죄수까지 징집했다.

1878년 에콰도르의 나무껍질 수확 관련 기록에 따르면, 일부 노동자는 '먼 곳의 병자를 구호하기 위함'이라는 매우 구체적인 목적을

등에 짊어진 채 치명적인 열병의 희생양이 되었으며 '이제 백인 외국인에게 건강을 제공하기 위한 인간 제물이 되었다'고 한다.

1863년에는 영국의 식민지 전역에 퀴닌 토닉 워터 광고가 등장했는데, 여전히 일반 강장제로 홍보하고 있었지만 해열 효과를 언급하기도 한다. 그러나 이들 강장제가 실제로 해열제 역할을 했는지 혹은 교묘한 마케팅에 불과했는지는 확실하지 않다.

'진토닉'에 대한 최초의 기록은 1868년 <오리엔탈 스포팅 매거진>에 실린 것으로 경마가 끝난 후 사람들이 진토닉을 찾았다고 한다. 이는 인도에서 영국인이 진토닉을 약제가 아닌 더운 날씨에 상쾌한 음료로 즐겼다는 사실을 암시한다.

식민 시대 이후의 진토닉

봄베이 사파이어(158쪽)를 비롯한 현대의 일부 진들은 아직도 제국의 이미지로 판매되고 있지만 대부분은 그런 연상 작용에 의존하지 않는다. 진 브랜드는 일반적으로 이국적인 느낌 대신 현지 식물을 사용한다는 점을 강조하는 것을 판매 포인트로 삼는 것을 선호한다.

지금의 인도 생산자는 (대부분 수입에 의존하는 주니퍼를 제외하면) 현지에서 생산한 식물을 사용해 토닉과 진을 직접 제조한다. 인도의 토닉 생산업체로는 뭄바이의 '진보적인 음료 회사'인 스바미, 델리에 위치한 제이드 포레스트와 벵갈 베이, 세포이앤코 등이 있다. 인도의 진으로는 스트레인저 앤 선스 진, 그레이터 댄 진(159쪽), 하푸사(203쪽) 등이 있다.

사치스러워지다

진은 1900년대 초반 칵테일이 등장하면서 화려함과 세련미를 더한 덕분에 다시금 인기를 얻게 되었다.

믹스 드링크

오늘날 우리가 알고 있는 칵테일은 1920년대 무렵 대중화되었지만 그전에도 사람들은 '믹스 드링크'를 즐겼다. 1800년대 중반에는 주로 펀치와 컵(와인에 과일즙을 섞은 음료-옮긴이), 대형 볼에 브랜디와 와인, 과일, 설탕을 넣어 섞은 코블러 등을 나눠 마셨다.

이런 음료에는 진을 사용하는 일이 거의 없지만 달걀노른자와 독한 맥주, 감귤류, 와인을 섞어서 만드는 럼퍼스티안이라는 뜨겁고 달콤하며 향신료 풍미가 있는 음료에는 들어간다. 진과 레몬주스, 설탕, 끓는 물로 만드는 진 트위스트와 달걀, 설탕, 진, 너트맥, 데운 맥주로 만드는 진 플립이 인기가 있었다.

미국식 쿨

1800년대 후반이 되자 영국에 '미국식 바'가 등장하기 시작했다. 이들은 믹스 드링크 문화를 뒤흔드는 변화를 가져왔다.

그중 하나가 그전까지는 본 적 없던 수준의 쇼맨십이었는데, 가장 잘 알려진 예로는 런던과 사우샘프턴, 리버풀 등의 영국 도시를 순회하며 1,000파운드 상당의 순은 바 도구로 믹스 드링크를 만들며 술에 있어서 '진정한 양키 교수'라고 불렸던 제리 토머스를 꼽을 수 있다.

또 다른 혁신은 음료에 얼음을 넣는 것이었다. 얼음은 오랫동안 값비싼 사치품이었으며, 냉장 기술이 발명된 이후에야 서서히 보

제리 토머스
미국의 바텐더이자 믹솔로지스트인 제리 토머스는 칵테일을 화려하게 믹싱하는 스타일로 유명했다.

급되기 시작했다. 토머스의 '센세이션한 음료'에는 (얼음을 넣은) 진 슬링, 올드 톰 진과 누아요(과일 씨앗으로 만드는 프랑스 리큐어), 압생트로 만드는 레이디스 블러시 등이 있었다.

초기의 믹스 드링크

진은 현대식 칵테일의 선구자 격인 초기의 믹스 드링크에 사용되었다.

진, 달걀노른자, 도수 높은 맥주, 감귤류, 와인

진, 레몬주스, 설탕, 끓는 물

진, 달걀, 설탕, 너트맥, 데운 맥주

럼퍼스티안　　　　**진 트위스트**　　　　**진 플립**

금주법

아이러니하게도 1920년부터 1933년까지 미국에서 알코올의 제조와 수입·운송·판매를 금지하는 금주법이 시행되면서 대서양 양쪽에서 진의 인기가 올라가는 계기가 되었다.

미국에서는 일부 애주가가 직접 욕조에서 진을 증류해 금주법을 피해 가기도 했다. 주니퍼 오일에 다른 향료를 섞은 값싼 밀주(배스텁 진)로 품질은 나빴지만 적어도 사람을 취하게 만들 수는 있었다. 진 칵테일은 이런 밀주를 마시면서 취하는 가운데 맛을 더 좋게 만들기 위한 용도로 개발되었다.

당시 문을 닫았던 술집 대신 사교를 나누며 술을 마실 수 있는 장소로 등장한 스피크이지 바에서도 칵테일이 인기를 끌었다. 이런 바는 밀수된 저품질 진과 기타 리큐어를 주로 취급했기 때문에 이들을 더 매력적인 술로 만들어낼 필요가 있었다.

양 대전 사이의 화려함

금주법은 또한 미국의 일부 바텐더를 유럽의 품속으로 이끌었다. 그중 가장 유명한 사람은 『사보이 칵테일 북』(1930년)을 쓴 해리 크래독일 것이다. 크래독은 '오전 11시 이전 혹은 원기와 활력이 필요할 때마다 마시는' 콥스 리바이버 넘버 2(129쪽)를 포함한 '숙취 해소제', 즉 해장 칵테일로 잘 알려져 있다. 진은 이제 가난한 사람이 마시는 '어머니의 파멸'이라는 이미지를 떨쳐버렸다. 대신 '밝은 젊은이들'이라

화려한 진
1930년대의 시거스 진 광고에서는 진을 화려하고 세련된 사람을 위한 술로 묘사했다.

불리던 귀족 사교계 인사들, 그중에서도 진 앤 잇(111쪽)을 즐겨 마시는 여성이 선택하는 술이 되었다. 그리고 1930년대에 영국 왕실을 위한 칵테일에는 진을 넣어야 한다는 원칙을 제시한 사람도 크래독일 가능성이 높다.

상업적 성공

자연스럽게 영국의 대형 진 증류업체들은 진의 새로운 인기에 영합해 돈을 벌고 싶어 했고, 가장 안정적이고 꾸준한 수익을 내는 브랜드조차도 신제품을 출시하기 시작했다. 고든스는 새로운 오렌지와 레몬 진을 출시해 인기를 끌었다. 비피터처럼 '바로 마실 수 있는' 칵테일도 다양하게 선보였다. 런던 피커딜리에 자리한 백화점인 포트넘 앤 메이슨은 진 칵테일을 병에 담아 판매했다.

대영제국은 양 세계대전 사이 기간 동안 꽃핀 런던의 칵테일 문화에서도 싱가포르 슬링과 페구 클럽 같은 음료를 통해 식민지의 이국적인 분위기와 화려함을 비 내리는 식민 지배국에 구현하는 식으로 제 역할을 톡톡히 해냈다.

진은 '밝은 젊은이들'이
선택하는 술이 되었다.

전후 침체기

1900년대 초반은 진의 호황기였지만 1940년대 이후 세상이 변화하면서 다른 음료와의 경쟁이 치열해짐에 따라 자연히 진의 운명도 쇠퇴하기 시작했다. 젊은 세대가 전쟁과 제국이라는 부모의 역사를 외면하면서 진의 이미지는 낡고 구식인 것이 되었다.

파티를 망친 전쟁

제2차 세계대전은 진의 전성기를 무너뜨렸다. 수도 런던과 기타 영국 도시를 겨냥한 독일의 폭격 작전인 블리츠 기간이던 1940~1941년 동안 런던에 자리한 수많은 대형 증류소가 폭격의 피해를 입었다. 런던 외곽에 위치한 증류소에도 폭탄이 떨어졌다. 플리머스 진 증류소 건물과 기록 보관소는 거의 완전히 파괴되었다. 또한 많은 증류소가 군 복무로 인해 직원을 잃어야 했다.

더욱 중요한 것은 영국이 식량 수입을 의존하고 있던 상선에 독일이 공격을 퍼부어 곡물 공급이 부족해졌다는 점이다. 정부는 증류주에 강력한 곡물 할당제를 부과해 전국의 증류업체로 하여금 생산량을 줄이도록 강요했다. 일부 진 제조업체는 당밀로 진을 증류하면서 이 문제를 해결했지만 대다수 업체는 1950년대 배급이 끝날 때까지 이전의 생산 수준을 회복하지 못했다.

제국의 숙취

전쟁 이전 진의 위상이 올라갔던 것은 적어도 부분적으로는 대영제국의 위상과도 관련되

The Colonel says
"Now that's a winner—
it's Gilbey's...."

GILBEY'S GIN
YOU'LL BE GLAD YOU GOT GILBEY'S

고리타분한 진
1950년대에 진은 답답하고 고리타분한 영국적인 이미지를 연상시키는 술이 되었다.

어 있었다(34~37쪽). 전쟁으로 제국이 무너지는 과정이 가속화되며 진의 운명도 함께 시들어 갔다. 진은 더 이상 신선하고 가볍지 않았다. 대신 영국이 '제국을 잃고 아직 제 역할을 찾지 못해' 현대 세계와 어울리지 않게 되면서 얻은 답답하고 고리타분한 이미지를 연상시키게 되었다. 1960년대의 반문화적 격변은 진과 진이 생존하기 위해 끌어들여야 하는 젊은 애주가와의 간극을 더욱 벌려놓았다. 진은 기성세대와 상류층을 위한 술이었다. 섹스와 마약, 로큰롤과는 어울리지 않았다.

진은 기성세대를 위한 음료로
섹스와 마약, 로큰롤과는
어울리지 않았다.

그 밖의 화이트 스피릿

보드카는 1930년대부터 영국인의 술잔에 조금씩 파고들기 시작했지만 1960년대에 들어서면서 인기가 급상승했다. 보드카는 진처럼 영국의 사라져 가는 과거와 연관이 있지도 않았고 콜라나 과일주스와 섞기 쉬운 부담 없는 술이어서 부모 세대의 칵테일이 너무 까다롭다고 느끼는 젊은 애주가에게 안성맞춤이었다.

그렇다고 해서 애주가가 칵테일을 완전히 포기하지는 않았지만, 전국의 바에서조차 보드카가 선택지에 포함되어 있었다. 1970년대와 1980년대에는 마이 타이나 정글 버드 같은 티키 칵테일이 등장하면서 럼주와의 경쟁도 더욱 치열해졌다.

비용 절감

일부 진 증류업체는 비용 절감을 통해 진의 쇠퇴를 극복하고자 했다. 이는 대체로 진의 도수를 약하게 만들어 증류소를 가동할 때마다 판매할 수 있는 생산량이 늘어나게 한다는 것을 의미했다. 진의 풍미가 약해지니 애주가에게는 좋지 않은 소식이었다. 어떤 진은 도수를 28% ABV까지 낮춘 채로 병입하기도 했다. 더 보태니스트(181쪽)나 몽키 47(188쪽)처럼 함유된 식물 목록이 길고 긴 진을 만든다는 것은 생각할 수도 없었고 수익성도 매우 낮았다.

보드카의 부상
1960년대와 1970년대에는 보드카가 신선하고 재미있는 이미지를 얻으며 젊은 애주가에게 매력을 어필했다.

진의 르네상스

다행히도 진의 쇠퇴는 영원한 것이 아니었다. 21세기 초에는 다시 모든 종류의 음식과 음료의 원산지와 풍미에 대한 소비자의 관심이 높아지면서 진에 대한 흥미도 다시 올라갔다.

슈퍼 프리미엄으로 앞서가는 영국

1987년에 봄베이 사파이어가 출시되면서 진의 운명이 뒤집혔다. 수십 년 만에 처음으로 새로운 진이 성공적으로 출시된 것이다. 진한 주니퍼 풍미에서 탈피해 한결 가볍고 꽃향기가 두드러져 애주가로 하여금 보드카에서 벗어나도록 유혹할 수 있는 견본이 되어주며 진의 현대 르네상스를 창조했다. 봄베이 사파이어는 봄베이 드라이의 고급 버전으로 쿠베브와 그레인 오브 파라다이스를 첨가해 새로운 풍미를 선보였다.

그 뒤를 이어 2000년에는 자몽과 신선한 라임, 캐모마일을 첨가한 기존 진의 프리미엄 버전인 탱커레이 넘버텐이 등장했다. 여기에 헨드릭스(미국에서는 2000년, 영국에서는 2003년 출시)가 합류하면서 슈퍼 프리미엄 진이라는 새로운 카테고리가 형성되었다. 비피터사는 2008년 중국 녹차와 일본 센차를 섞고 도수를 높인 비피터 24를 출시했다. 같은 해에 헤이먼스와 젠슨스는 올드 톰 진(74~75쪽)을 재출시하면서 이 스타일에 기반한 칵테일에 대한 수요 증가를 촉진시켰다.

영국의 새로운 진 붐은 2009년과 2010년에 양조업자가 같은 장소에서 증류하는 것을 금지하고 증류기를 최소 18헥토리터(396갤런)로 제한하는 모호한 법 두 가지가 폐지되면서 본격적으로 시작되었다. 이를 통해 십스미스와 체이스 증류소가 생산을 시작했고, 곧이어 애드넘스도 그 뒤를 이었다.

이들의 뒤를 이어 소규모 크래프트 증류소가 생겨났다. 2010년에는 영국 내 총 116개, 그중 대부분이 스코틀랜드에 자리한 증류소에서 위스키를 생산하고 있었다. 2020년에는 그 숫자가 563개로 늘어났으며 현재 영국에서는 대부분이 진을 생산하고 있다.

미국의 뉴 웨스턴 드라이

미국에서도 증류에 대한 관심이 높아졌다. 미국의 크래프트 증류는 1980년대 초에 시작되었지만 여러 해 동안 소규모로 유지되며 다른 증류주에 집중하는 데 머물렀다. 2000년 무렵의 미국 진 시장은 여전히 영국의 대형 브랜드가 장악하고 있었다. 하지만 칵테일에 대한 새로운 욕구가 스피릿에 대한 관심을 불러일으키고 있었다.

1998년 앵커 브루잉 앤 디스틸링이 미국 최초의 크래프트 진으로 알려진 주니페로 진(162쪽)을 출시했다. 2005년 블루코트 아메리칸 드라이 진(157쪽)을 출시한 증류소는 금

봄베이 사파이어
1987년 출시

탱커레이 넘버텐
2000년 출시

헨드릭스
2003년 출시

비피터 24
2008년 출시

헤이먼스와 젠슨스 올드 톰
2008년 출시

영국의 진
기존 브랜드는 기존 진의 슈퍼 프리미엄 버전을 선보이고, 소규모 증류업체는 혁신과 다양성을 더하고 있다.

주법(1920~1933년) 이후 펜실베이니아에 최초로 세워진 곳이었다. 미국인의 입맛에 맞게 주니퍼 향을 더 부드럽게 만드는 등 영국의 전통을 그대로 따르지 않고 그들만의 방식으로 만들어낸 진으로, 미국 증류업계에 새로운 트렌드를 제시했다. 2006년 에비에이션 진(183쪽)을 선보인 라이언 마가리언은 다른 식물 재료를 뒷받침하는 방식으로 주니퍼를 배치한 뉴 웨스턴 드라이 진(74쪽)이라는 개념을 도입했다.

호주의 독특한 진

호주에서는 럼이 오랫동안 인기를 끌고 있었으며, 진 산업은 다른 나라에 비해 역사가 짧고 젊다. 1990년대에 태즈메이니아의 증류사 빌 라크가 위스키를 만들기 위해 소형 증류업

호주의 진
호주의 진 증류는 1990년대에 시작되었지만 2010년대 들어 급성장했다. 토종 식물이 호주 진에 독특한 풍미를 선사한다.

캥거루 아일랜드 스피리츠 O 진
2006년 출시

맨리 스피리츠 코스탈 시트러스
2017년 출시

포 필러스 올리브 리프
2020년 출시

을 제한하던 역사적인 체제를 뒤집으면서 생산이 시작되었다. 빌이 성공하면서 그의 형제인 존과 사라 부부가 영감을 받아 호주 최초의 진 전용 증류소인 캥거루 아일랜드 스피리츠를 설립했다.

더 라크스의 목표는 호주 토종 식물을 이용해 진을 만드는 것이었고, 이는 호주 진이

전 세계 시장에서 자신만의 독특한 위치를 개척하는 데 도움이 되었다. 레몬 머틀과 태즈메이니아 페퍼베리 같은 재료가 호주 진의 독특한 풍미를 형성한다.

2013년 당시 호주에서는 약 10종의 진이 생산되었으며, 웨스트 윈즈와 포 필러스 같은 증류소가 시장을 주도했다. 이 수치는 2020년 무렵 약 700개로 증가했다.

프랑스의 와인 및 향수 노하우

프랑스 진은 와인과 코냑, 칼바도스 생산자와 향수 산업에서 영향을 받았다. 프랑스의 증류업체는 증류와 블렌딩, 때로는 나무통에서 진을 숙성시키는 영역에 이르기까지 수준 높은 기술력을 보여준다. 메디테라니언 진 바이 레우베(179쪽), 44°N(183쪽)과 같은 진은 이러한 접근 방식이 얼마나 독특한 결과물을 가져올 수 있는지 보여준다.

주니페로
1998년 출시

블루코트 아메리칸 드라이
2005년 출시

에비에이션
2006년 출시

미국의 진
1980년대부터 크래프트 증류를 시작했다. 2000년에 들어서면서 미국인의 입맛에 맞도록 진의 풍미를 재창조하기 시작했다.

진과 환경

스피릿 증류는 에너지 집약적인 산업이지만 환경에 미치는 영향을 줄일 수 있는
방법이 여럿 존재한다.

증류소의 에너지

진을 만드는 동안 이산화탄소를 덜 배출하고
싶다면? 간단한 방법은 싱글샷 증류 대신 멀
티샷 증류(65쪽)를 택해 증류기를 가열하는 데
들어가는 에너지를 줄이는 것이다. 그러면 증
류기를 돌릴 때마다 생산되는 진이 늘어나 가
열하는 횟수를 줄일 수 있다.

물론 이 방법이 품질을 떨어뜨린다고 주장
하는 진 제조업체도 있다. 어쨌든 선택의 여지
는 있는 셈이다. 증류기를 가열하는 횟수를 줄
이는 대신 진공 증류(64쪽)를 이용해 더 낮은

온도로 가열할 수도 있다. 전통 증류기 내부를
진공 상태로 만들 수 있으며 진공으로 만드
는 데 사용되는 에너지와 절약되는 열 에너지
가 약간 상충되기는 하지만 이 방법을 택하면
이산화탄소 배출량을 약 40%까지 줄일 수
있다.

한 걸음 나아가 더욱 낮은 온도, 때로는 실
온에서 증류하는 전용 회전 증발기를 이용하
면 전통 단식 증류기에 비해 최대 90%까지
에너지를 덜 사용할 수 있다.

증류를 아예 생략하고 콤파운드 방식으로
진을 만들 수도 있다(70~71쪽). 진 증류업체는

더욱 지속 가능한 방식으로 진을 생산하는 방
법을 모색하면서 이러한 모든 접근법을 조합
해 채택하기도 한다. 에너지의 출처 또한 중요
하다. 친환경 에너지 공급업체로 전환하고 태
양열 패널을 설치하는 것 또한 이미 공급업체
사이에서 인기를 끌고 있다.

식물 재료

식물 재료는 진의 탄소 배출에 기여하는 또
다른 중요한 요소다. 대부분의 증류사는 현지
에서 자라는 재료를 수작업으로 채집한다. 이

싱글 에스테이트 진

지금까지 증류업체의 가장 큰 고민은 어떤 알코올 베이
스를 사용할 것인가였다. 이제는 지속 가능성이라는 관점
이 여기에 추가되었다. 베이스 스피릿은 일반적으로 진
한 병에서 배출되는 이산화탄소 중 가장 큰 부분, 때로는
최대 50%까지 차지한다. 일부 증류업체는 더 친환경적
인 선택의 일환으로 베이스 스피릿을 자체 제작한다.

예를 들어 램스버리(196쪽)는 싱글 에스테이트 진이다.
이 증류업체는 곡물을 직접 재배하고 원수를 수급해 베
이스 스피릿을 직접 만들고 진을 증류하는 모든 과정을
한 장소에서 진행한다. 증류업체가 대형 생산업체보다 훨
씬 효율적인 방식으로 베이스 스피릿을 생산할 수 있는
경우에만 가능한 방식이다. 예를 들어 소형 증류업체의
경우 주정을 구입하는 것이 훨씬 지속 가능한 방법이다.

현지에서 곡물
재배

현지에서
원수 수급

자체 베이스
스피릿 제조

현지에서
증류

증류소의 친환경화

증류사는 진 제조 과정에서 탄소 배출을 최소화하기 위해 다양한 방법을 여러 가지 방식으로 조합해서 채택할 수 있다.

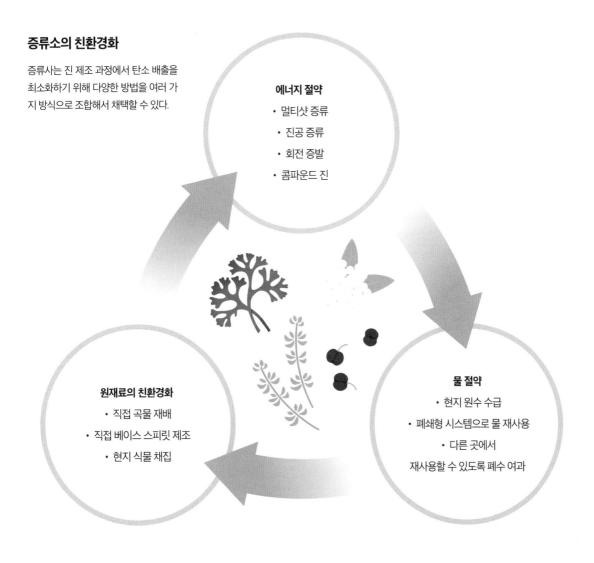

에너지 절약

• 멀티샷 증류

• 진공 증류

• 회전 증발

• 콤파운드 진

물 절약

• 현지 원수 수급

• 폐쇄형 시스템으로 물 재사용

• 다른 곳에서
재사용할 수 있도록 폐수 여과

원재료의 친환경화

• 직접 곡물 재배

• 직접 베이스 스피릿 제조

• 현지 식물 채집

는 스피릿을 생산한 장소와 관련된 독특한 풍미를 선사함과 동시에 탄소 배출량을 줄인다는 두 가지 이점이 있다. 일괄적인 규칙이 있는 것은 아니므로 일부 재료와 일부 증류업체의 경우에는 전문 공급업체로부터 식물 재료를 구입하는 것이 더 효율적이고 지속 가능한 선택이 될 수 있다.

물 사용

증류사는 증류기에 물을 넣어야 한다. 또한 스피릿을 병입할 수 있는 도수로 희석하기 위해서도 물이 필요하다. 지속 가능성 관점에서 더욱 중요한 것은 가열을 위한 증기와 냉각을 위한 물이다. 일부 증류소에서는 이 물을 버리

지 않고 재사용하는 폐쇄형 시스템을 만들기도 한다. 램스버리 증류소는 부지에 있는 우물에서 물을 수급한 다음, 자연 여과를 위해 폐수를 갈대밭에 유입시킨 다음 부지의 야생 동물을 지원하는 연못으로 흘려보낸다.

기타 친환경적 움직임

진을 생산한 후 리필과 재활용이 가능
한 포장재를 사용하고 대량 배송을 통
해 탄소 배출량을 더욱 줄일 수 있다.

포장
- 가벼운 유리병
- 재활용 알루미늄 병
- 종이병

운송
- 멀티샷 증류
- 대량 배송
- 가벼운 포장재로
운송에 필요한 에너지 절감
- 전기자동차 및/또는
화물 자전거 배송

리필
- 리필용 병과 파우치
- 서비스업용 대량 리필 제품
- 리필 스테이션

포장

진은 재활용하기 쉬운 유리병에 담겨 나오지
만 그렇다고 포장재에 아무 문제가 없는 것은
아니다. 여전히 업계의 탄소 배출에 큰 기여를
하고 있어 문제를 개선하기 위해 노력을 기울
일 여지가 많다.

우선 유리병은 무겁다. 진 병의 무게를 조
금이라도 줄이면 병을 만드는 데 들어가는 에
너지와 필요한 원재료의 양이 줄고, 배송에 드
는 에너지가 적어져 장기적으로 비용을 절감
할 수 있다. 2021년 플리머스 진이 병의 무게
를 15% 줄였을 때 브랜드 소유주인 페르노리
카는 이 결정을 통해 연간 60톤의 탄소를 절

감할 수 있다고 계산했다. 유리는 재활용이 가
능하지만 모든 유리가 그런 것은 아니다. 대부
분의 진은 진이 얼마나 맑은지를 잘 보여주는
투명한 병에 담겨 있는데 이것 역시 유색 유
리만큼 재활용이 잘 되지 않는다.

유리를 완전히 포기한 증류소도 있다. 사
일런트 풀의 그린맨과 로랜더 진처럼 94% 재

운송은
진의 탄소 배출량을 줄이는 데
중요한 부분을 차지한다.

활용이 가능하고 일반 유리병보다 탄소 배출량이 85% 낮으면서 생산에 들어가는 물이 네 배나 적은 종이병을 사용하는 진도 있다. 훨씬 가볍고(운송 시 에너지 절약) 열 보존도 안정적이다(차갑게 보관하기 위한 에너지 절약).

2023년 펜로스 스피리츠는 진에 100% 재활용 알루미늄 병 사용으로 전환했는데, 이것이 가장 지속 가능한 선택이라고 한다. 지금까지 생산된 모든 알루미늄의 75%는 오늘날에도 여전히 사용되고 있는 것으로 추정된다.

리필 가능한 포장

포장을 더욱 친환경적으로 만드는 또 다른 방법은 소비자로 하여금 반복 사용할 수 있도록 하는 것이다. 지난 수년간 많은 생산업체는 소비자가 빈 진 병을 리필할 수 있는 방법을 제공하기 시작했다.

아일 오브 해리스 증류소는 리필용 알루미늄 병에 담긴 진을 생산해 집에서 재활용하거나 가벼운 물병으로 쓸 수 있도록 했다. 와이밸리 증류소는 리필용 알루미늄 캔 진을 생산하고, 더넷 베이 증류소는 도자기 병에 담은 록 로즈 진을 완전 재활용이 가능한 플라스틱 파우치에 담아 판매한다. 어떤 증류업체에서는 빈 병을 가져가면 더 맛있는 진을 채워올 수 있는 리필 스테이션을 운영한다. 사일런트 풀은 이 서비스를 제공하지만 자체 브랜드 병에만 리필을 해주는 것으로 제한한다. 반면 이스트 런던 리큐어 컴퍼니에서는 어디에서 생산한 것인지와 상관없이 빈 700ml 병에 진을 담아준다. 그들의 주장에 따르면 세상에는 이미 병이 충분할 만큼 있다고 한다.

펍과 바에서는 가정에서보다 훨씬 더 많은 병을 사용하는데, 이 부분도 개선해야 할 점이 있다. 이스트 런던 리큐어 컴퍼니는 서비스업 고객에게는 빈 병에 리필해서 사용할 수 있도록 진을 대량 배송한다. 이를 통해 관련 탄소 배출량을 88%까지 줄였다.

헤플은 화려하게 장식한 에칭 유리볼에 담은 진을 판매할 수 있는 옵션을 바에 제공하기도 한다. 이 유리볼에는 진 10리터를 담을 수 있으며, 리필용 진은 10~25리터 드럼 형태로 제공한다. 큰 드럼을 사용할 때마다 가치 사슬에서 일반 병 36개를 제거하는 효과가 있으며, 이는 탄소 약 34kg을 절약하는 것과 맞먹는다. 헤플은 2023년부터 재사용 가능한 5리터 파우치에 진을 담아 판매하는 선택지를 추가했다.

운송

운송은 탄소 배출량을 줄이는 데 중요한 부분으로, 병의 무게나 대량 배송 등 진 탄소 퍼즐의 다른 많은 부분과 교차한다. 대량 배송과 멀티샷 증류(65쪽)를 결합하면 이 문제를 훨씬 잘 해결할 수 있다.

소규모일 경우에는 탄소 배출량을 줄이기 위해 전기자동차와 화물 자전거로 지역 배송을 하는 진 회사도 많다.

증류

증류는 모든 증류주를 생산하는 기본 과정이다. 밑술을 준비한 후 농축시켜 알코올
도수가 높고, 때로는 향도 더 강렬한 음료를 만들어낸다.

발효

첫 번째 단계는 증류할 밑술을 만드는 것으로,
이는 당분이 많은 액체를 발효시킨다는 뜻이
다. 대부분은 밀이나 보리 같은 곡물로 만든
밑술을 사용한다. 이런 곡물에는 당으로 바뀔
수 있는 전분이 함유되어 있으며, 이를 발효시
켜 알코올을 만들 수 있다.

먼저 밀이나 보리를 맥아로 만들어 곡물
속 깊이 자리한 전분을 풀어내야 한다. 맥아
생산자는 곡물이 발아하기 시작할 때까지 물
에 담그는 방식으로 이 과정을 처리한다. 그런
다음 곡물을 건져서 말려 발아를 멈추게 한다.

이어서 증류사가 맥아 곡물을 제분기로 분
쇄한 다음, 마치 포리지를 만들듯이 뜨거운 물
에 담근다. 그러면 곡물 속의 전분이 추출되어
맥아즙이라는 액체가 되고, 아밀레이스 효소
가 이를 단당류로 전환시킨다.

보리에는 아밀레이스가 함유되어 있기 때
문에 증류사는 대체로 밀을 사용하더라도 소
량의 보리를 곡물 혼합물에 첨가하는 경우가

증류 과정

증류의 목표는 알코올을 농축시켜 더욱 강하게
만드는 것이다. 따라서 증류기에 투입한 워시를
가열해 기화시킨다. 그 증기가 증
류기에 모인 후 훨씬 진한 액체
로 다시 응축된다.

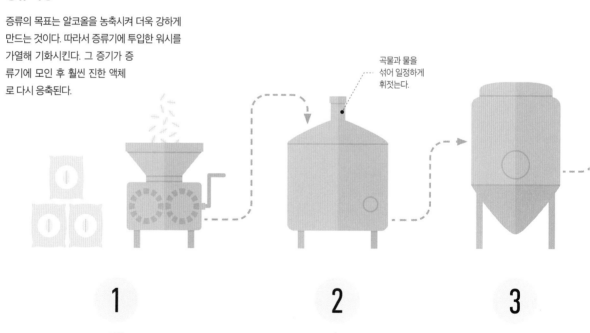

곡물과 물을
섞어 일정하게
휘젓는다.

1

분쇄
밀이나 보리 등
맥아 곡물을 제분기로
분쇄한다.

2

담금
곡물을 뜨거운 물에 담가
액체로 전분을 추출해
맥아즙을 만든다.

3

발효
맥아즙을
발효 탱크로 옮겨
효모를 첨가한다.

많다.

일단 맥아즙을 한 번 걸러내 곡물 찌꺼기를 제거한 다음 생산자가 여기에 효모를 첨가한다. 효모는 단당류를 알코올과 이산화탄소로 전환시킨다. 효모에는 우리 주변에 서식하는 야생 효모를 포함해 여러 종류가 있지만 증류사는 예측 가능한 방식으로 작용하는 잘 알려진 사카로미세스 세레비시아 배양균을 첨가한다.

발효가 완료되면 워시라고 부르는 알코올성 액체가 생성되어 증류할 준비가 갖춰진다.

증류 과정

증류는 워시의 물에서 에탄올을 분리하는 과

알코올은 용매다

에탄올 화합물의 양쪽 말단은 서로 다른 방식으로 작용한다. 한쪽 끝은 극성이라 물처럼 작용하며 설탕이나 소금처럼 친수성(물을 좋아하는) 화합물을 용해시킨다. 다른 한쪽 끝은 무극성이라 기름이나 지방처럼 소수성(물을 싫어하는) 화합물에 작용한다. 지구상의 물질은 대부분 이 둘 중 하나에 속하기 때문에 알코올은 거의 만능 용매라 할 수 있다. 증류 과정에서 알코올은 기화하며 식물의 향을 내는 에센셜 오일을 일부 품고 간다(50쪽). 이 풍미는 증기가 다시 최종 증류주로 응축될 때도 계속 살아남아 존재한다. 맛있을 수밖에!

정이다. 이 과정은 알코올의 흥미로운 특성 두 가지, 즉 낮은 끓는점과 다른 물질을 용해시키는 능력을 활용한다(위 상자 참조). 에탄올의 끓는점은 78℃이므로 물의 끓는점인 100℃에 도달하기 훨씬 전에 가열된 증류기에서 증발

된다. 증류는 이러한 에탄올 증기를 모아 냉각시킨 다음 다시 액체로 응축시키는 방식으로 이루어진다. 이렇게 하면 물과 기타 불순물이 제거되고 우리가 관심을 갖는 음료의 정수, 즉 스피릿만 남는다.

연속식 증류기
알코올 증기를 포집해 냉각 및 재응축한다.

단식 증류기
증류주 생산자는 보통 증류기가 약 82℃에 도달하면 스피릿을 모은다.

4

연속식 증류기
발효된 액체(워시)를 증류기로 옮겨 가열한다.

5

단식 증류기
풀과 씨앗, 껍질, 나무껍질 등의 식물성 재료를 단식 증류기에 넣는다.

6

물
원하는 알코올 도수에 도달할 때까지 스피릿에 물을 첨가한다.

7

병입
여과한 후 스피릿을 병에 옮겨 담고 배송할 준비를 한다.

단식 증류기

가장 단순한 형태의 증류법으로 럼주에서 위스키에 이르기까지 모든 종류의 증류주를 생산하는 데 주로 사용한다. 진 생산자는 이미 증류한 기본 스피릿을 수정(재증류)하기 위해 단식 증류기를 사용하며 식물성 재료를 첨가해 풍미를 더한다. 기본 스피릿은 연속식 증류기로 만든다(52쪽).

휘발성

휘발성은 물질이 증기로 변할 수 있는 능력을 말한다. 물질의 휘발성이 높을수록 증발할 가능성이 커진다.

방법

생산자는 진을 만들기 위해 단식 증류기에 기본 스피릿과 물, 식물성 재료를 섞은 혼합액을 넣는다. 보통 이 상태에서 식물로부터 풍미를 더 많이 추출하기 위해 증류기를 가동하기 전까지 혼합액을 12~48시간까지 침출한다.

혼합액이 완전히 준비되면 생산자는 증류기를 목표 온도까지 천천히 가열한다. 과거에는 직접 불을 피워 증류기를 가열했지만 요즘에는 거의 그렇게 하지 않는다. 대신 일반적으로 증류기 내부에 코일을 설치하거나 증기 재

킷으로 증류기 하단을 감싸도록 제작하는 등 발열체를 활용한다.

증류액은 최초류와 초류, 본류, 후류라고 불리는 부분으로 나뉜다(58~59쪽). 생산자는 최고의 풍미를 지닌 본류만 남겨서 진을 만들기 위해 노력한다.

증류주 모니터링

증류기가 가열되면 증류사는 온도를 모니터링한다. 보통 증류기의 본체와 넥, 냉각기 등 일부 특정 부분에서 온도를 측정한다. 또한 응

축 후 스피릿 세이프에서 빠져나오는 스피릿의 알코올 도수(ABV)를 기록한다.

분류 판단

스피릿의 온도와 ABV는 증류기를 통과한 증류액의 분류(分溜, 끓는점이 다른 물질을 증류를 통해 혼합물로부터 분류해내는 방법 - 옮긴이) 상태를 가리킨다. 또한 증류사는 스피릿의 향과 맛을 통해 스피릿을 언제부터 언제까지 모아야 할지 판단할 수도 있다.

증류기의 형태

증류기의 형태는 완성된 스피릿의 풍미에 영향을 미친다. 대부분의 증류기는 본체 위에 '헬멧' 부분이 있어서 알코올 증기가 넥과 라인암을 통과할 수 있을 정도로 순수해질 때까지 응축되고 다시 본체로 떨어지는 과정을 반복해 계속 증류될 수 있도록 만드는 역할을 한다.

라인암의 각도는 풍미에도 영향을 미친다. 라인암이 아래쪽을 향하면 더 무겁고 휘발성이 낮은 풍미 화합물이 냉각기를 통과할 수 있게 된다. 라인암이 위쪽을 향하면 휘발성이 높은 화합물만 통과할 수 있어서 훨씬 가볍고 섬세한 스피릿이 된다.

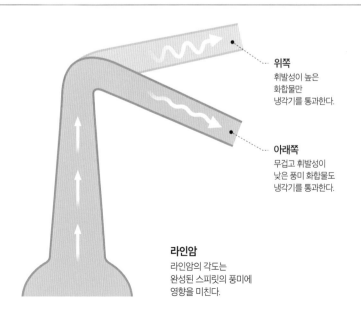

위쪽
휘발성이 높은 화합물만 냉각기를 통과한다.

아래쪽
무겁고 휘발성이 낮은 풍미 화합물도 냉각기를 통과한다.

라인암
라인암의 각도는 완성된 스피릿의 풍미에 영향을 미친다.

단식 증류기

단식 증류기는 본체와 넥, 헤드, 스완넥,
그리고 냉각기로 증기를 이동시키는
라인암으로 구성되어 있다.

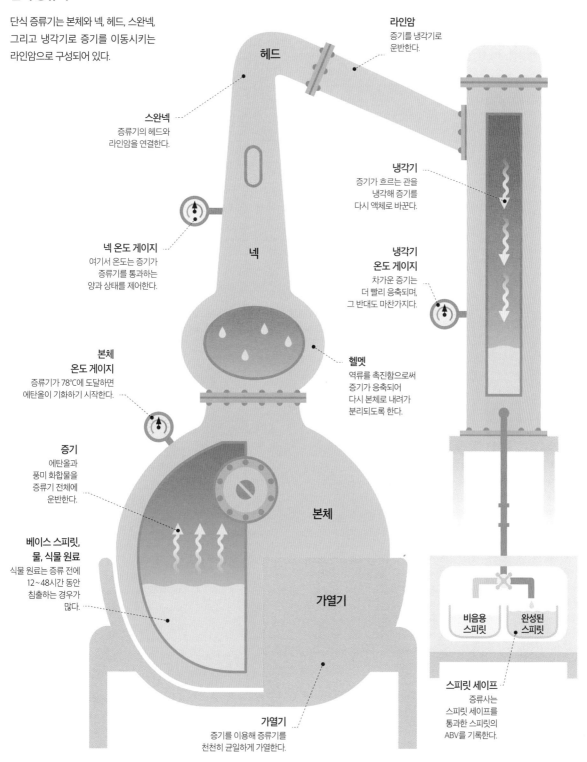

헤드

라인암
증기를 냉각기로
운반한다.

스완넥
증류기의 헤드와
라인암을 연결한다.

넥 온도 게이지
여기서 온도는 증기가
증류기를 통과하는
양과 상태를 제어한다.

넥

냉각기
증기가 흐르는 관을
냉각해 증기를
다시 액체로 바꾼다.

**냉각기
온도 게이지**
차가운 증기는
더 빨리 응축되며,
그 반대도 마찬가지다.

**본체
온도 게이지**
증류기가 78℃에 도달하면
에탄올이 기화하기 시작한다.

헬멧
역류를 촉진함으로써
증기가 응축되어
다시 본체로 내려가
분리되도록 한다.

증기
에탄올과
풍미 화합물을
증류기 전체에
운반한다.

본체

**베이스 스피릿,
물, 식물 원료**
식물 원료는 증류 전에
12~48시간 동안
침출하는 경우가
많다.

가열기

**비음용
스피릿**

**완성된
스피릿**

가열기
증기를 이용해 증류기를
천천히 균일하게 가열한다.

스피릿 세이프
증류사는
스피릿 세이프를
통과한 스피릿의
ABV를 기록한다.

연속식 증류기

1회분씩 증류할 때마다 비우고 세척하는 과정을 거쳐야 하는 단식 증류기와 달리 연속식 증류기는 연속 증류가 가능하다. 한 번에 수 일 혹은 수 주일간 중단 없이 가동할 수 있다.

방법

연속식 증류기는 일련의 구멍이 뚫린 구리판이 들어 있는 관으로 구성되어 있다. 각 구리판 위치마다 작은 창문처럼 보이는 유리가 달려 있어 증류사가 내부에서 어떤 과정이 진행되고 있는지 확인할 수 있다.

예열한 알코올성 워시는 피드 배관을 통해 구리판 관으로 들어간다. 워시가 기화되면서 휘발성이 낮은 증기는 아래쪽으로 내려가 다시 가열되고, 휘발성이 높은 증기는 위쪽 판으로 올라간다.

피드 아래의 스트리핑 섹션에서는 휘발성 화합물이 액체에서 빠져나간다(이를 스트리핑이라고 한다). 정류 섹션에서는 위에서 내려오는 액체로 인해 휘발성이 낮은 화합물이 제거된다(69쪽 '정류' 참조). 증기는 각 구리판을 통과하면서 다시 액체로 응축되고, 이 액체는 구리관의 열원뿐만 아니라 하단에서 올라오는 더 많은 양의 증기에 의해 다시 가열된다. 빠져나갈 만큼 휘발성이 강한 원료는 다시 증발해 위로 올라가고, 휘발성이 낮은 액체는 하단의 구리판을 통해 그 아래로 내려간다.

이러한 방식으로 각 구리판은 그 사이를 통과하는 증기를 정화하는 역할을 한다. 증기가 관을 통해서 위로 올라갈수록 증기 속의 알코올 농도는 증가하고, 풍미 화합물의 농도는 감소한다.

증기 포집하기

연속식 증류기를 사용하는 증류업체는 본류를 분리하기 위해서 절단하는 대신 하나 이상의 구리판에서 증기를 끌어낼 수 있는데, 일반적으로 알코올 강도와 향의 균형이 가장 잘 맞는 부분인 증류관의 상단 근처를 애용한다.

연속식 증류기와 단식 증류기

연속식 증류기는 단식 증류기보다 훨씬 알코올 도수가 높은 스피릿을 생산할 수 있다. 구리판 개수만 충분하다면 96% ABV 이상까지 도달할 수 있다. 그러려면 구리판 약 40개를 갖춘 증류기가 필요하다. 이러한 증류기는 실용적인 이유로 보통 서로 연결된 한 쌍의 증류기로 구성되어 있다.

코페이 증류기

현대식 연속식 증류기는 1831년에 아일랜드의 발명가이자 증류사인 이니어스 코페이 (1780~1839년)가 특허를 낸 코페이 증류기를 기반으로 한다. 증류에 혁명을 일으켜 증류업체가 훨씬 저렴한 비용으로 고품질의 술을 만들 수 있게 한 증류기다.

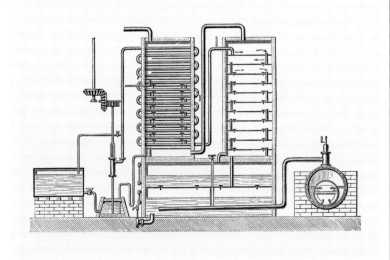

연속식 증류기

각 구리판은 역시 그 안을 통과하는
증기를 정화한다. 증기가 상승할수
록 알코올 도수가 증가하고 풍미 화
합물은 감소한다.

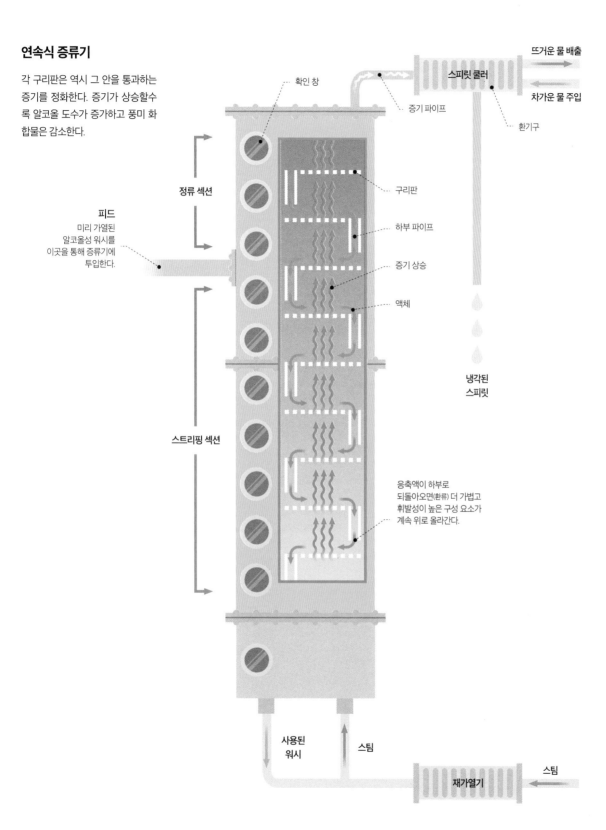

확인 창

스피릿 쿨러

뜨거운 물 배출

차가운 물 주입

증기 파이프

환기구

구리판

하부 파이프

증기 상승

액체

정류 섹션

피드
미리 가열된
알코올성 워시를
이곳을 통해 증류기에
투입한다.

냉각된
스피릿

스트리핑 섹션

응축액이 하부로
되돌아오면(환류) 더 가볍고
휘발성이 높은 구성 요소가
계속 위로 올라간다.

사용된
워시

스팀

스팀

재가열기

냉각기

증기가 증류기를 거쳐 라인암을 지나면 냉각기에 도달한다. 여기서 증기가 냉각되고 응축되어 다시 액체로 변한다. 이 응축 과정은 스피릿의 맛에 여러 가지 방식으로 영향을 미칠 수 있다.

스피릿 응축시키기

냉각기의 크기와 형태, 냉각기의 재질, 작동 온도는 모두 완성된 스피릿의 맛에 영향을 미칠 수 있다. 크기와 형태는 증기가 응축되는 표면적에 영향을 미친다. 또한 냉각기 내부의 압력에도 영향을 미쳐 결과적으로 증기가 시스템을 통과하는 속도를 좌우한다.

온도는 증기가 응축되는 속도에 영향을 미쳐 결과적으로 스피릿의 풍미를 좌우한다. 냉각기가 차가울수록 증기를 더 빨리 응축시켜 더 '묵직한' 스피릿(휘발성이 낮은 풍미 화합물이 더 많이 남아 있다)을 만들어낸다. 냉각기의 온도가 높으면 증기가 천천히 응축되어 더 가벼운 스피릿이 된다.

응축 속도가 느릴수록 증기가 증류기 전체를 통과하는 속도에 영향을 미치기 때문에 무거운 풍미 화합물이 증류기의 넥 부분에 더 오래 머물게 되면서 응축되어 다시 본체로 돌아갈 가능성이 높아진다. 이는 대부분 증기가 냉각기 내부에서 구리와 얼마나 많이, 얼마나

웜 튜브

웜 튜브는 진보다는 위스키 제조에 더 많이 사용된다. 라인암에서 뻗어 나오는 파이프인 '웜'은 물통 내부로 쭉 내려가서 안쪽을 감싸는 형태로 자리한다. 물통 하부에는 차가운 물이 주입된다. 웜 내부의 응축된 증기가 발산하는 열이 물을 데워서 물통 상단에 모이게 한다. 웜은 물통 하단에서 최종 증류액이 모이는 스피릿 세이프까지 이어지는데, 그 길이에 따라 지름이 점점 작아진다.

온수 방출

라인암

구리 웜

냉수 주입

단식 증류기

증류액 방출

오래 접촉하는지에 따라 달라진다. 그 정도가 높을수록 황화물과의 반응으로 인해 스피릿이 더 가볍고 순수해진다(61쪽).

냉각기는 대부분 구리로 만들지만 스테인리스 스틸로 만든 것도 있다. 스테인리스 냉각기는 구리 제품처럼 증기를 '청소'하지는 못한다.

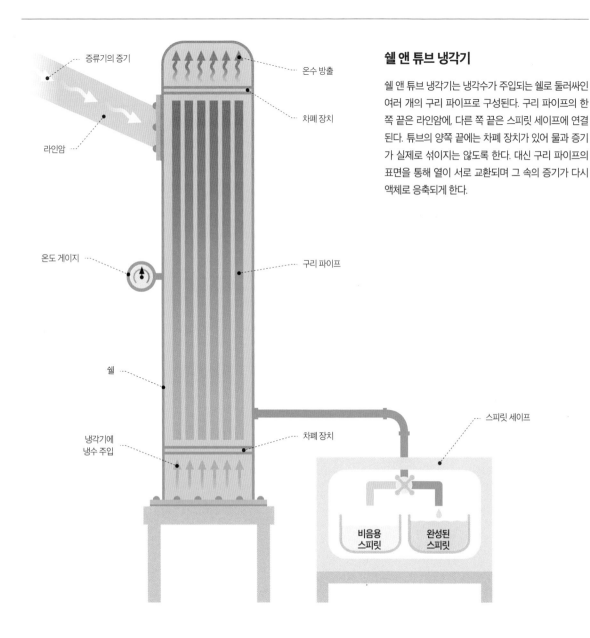

증류기의 증기

온수 방출

차폐 장치

라인암

온도 게이지

구리 파이프

쉘

냉각기에 냉수 주입

차폐 장치

스피릿 세이프

비음용 스피릿

완성된 스피릿

쉘 앤 튜브 냉각기

쉘 앤 튜브 냉각기는 냉각수가 주입되는 쉘로 둘러싸인 여러 개의 구리 파이프로 구성된다. 구리 파이프의 한쪽 끝은 라인암에, 다른 쪽 끝은 스피릿 세이프에 연결된다. 튜브의 양쪽 끝에는 차폐 장치가 있어 물과 증기가 실제로 섞이지는 않도록 한다. 대신 구리 파이프의 표면을 통해 열이 서로 교환되며 그 속의 증기가 다시 액체로 응축되게 한다.

증기 주입

대부분의 경우 증류사는 사용하는 식물 재료를 베이스 스피릿, 물과 함께 바로 증류기에 넣는다. 하지만 이것이 항상 이상적인 것은 아니다. 예를 들어 특정 식물의 향이 너무 강하면 진의 풍미를 전체적으로 지배할 수 있다. 이럴 경우 증기 주입을 통해 문제를 해결할 수 있다.

증기 경로

증기 주입은 에탄올 증기가 상승하는 경로에 자리한 증류기 상단에 식물 재료를 넣는 식으로 진행한다. 본체의 헤드에 바스켓을 매다는 경우도 있고, 본체와 냉각기 사이에 별도의 챔버를 제작하기도 한다. 상승하는 증기가 식물 재료를 통과하면서 풍미 화합물을 일부 흡수한다. 이러한 증기 주입은 본체의 열원으로부터 멀리 떨어진 상태에서 이루어지기 때문에 온도가 낮아서 더 가볍고 휘발성이 강한 풍미만 포착한다. 식물 재료의 풍미는 본체에 바로 넣었을 때보다 '익은' 향이 덜 난다.

장점과 단점

증기 주입은 본체에서 침출하는 것보다 효율성이 떨어지는 추출 방법으로, 이렇게 추출한 향은 강도가 낮은 편이다. 따라서 향이 너무 강한 재료를 다룰 때는 장점으로 작용할 수 있다. 하지만 풍미를 충분히 담아내려면 식물 재료를 더 많이 넣어야 한다는 뜻이기도 하다.

바스켓에 식물 재료를 너무 많이 넣으면 증류기를 막아 증기가 제대로 닿지 못하기 때문에 일정 분량은 아예 쓰이지 못한다.

본체 가열 및 증류 과정을 견디지 못하는 섬세한 식물 재료는 증기 주입을 통해 활용할 수 있다. 꽃과 감귤류 식물에서 특히 효과적이다.

증기 주입의 또 다른 장점은 증류 도중에 식물 재료를 추가하거나 제거할 수 있다는 것이다. 이를 통해 완성한 진의 풍미를 보다 섬세하게 조절할 수 있다.

증기 주입에 어울리는 식물 재료

라벤더

카다멈

증기 주입에는 보통 본체에 주로 넣는 말린 것보다 신선한 감귤류 껍질을 사용하는 경우가 많다. 라벤더는 주로 바스켓에 넣고, 일부 증류사는 카다멈과 다양한 후추, 주니퍼, 안젤리카 등을 증기 주입을 통해 진에 가미하기도 한다.

증기 주입을 활용하는 진으로는 다음과 같은 것이 있다.

- 아발 도르 코니시 드라이 진(감귤류 껍질)
- 안 둘라만 아이리시 마리타임 진
  (카라긴 해초)
- 데스 도어 진(주니퍼, 코리앤더, 펜넬)
- 린드 앤 라임 진(감귤류 껍질)
- 사일런트 풀 레어 시트러스 진
  (라벤더, 감귤류 껍질, 후추 3종)
- 더 보태니스트 아일레이 드라이 진
  (허브와 꽃 중심의 22가지 식물)

안젤리카

펜넬 씨

주니퍼

증기 주입

증기가 상승하면서 챔버의 식물 재료를 통과해 풍미 화합물을 일부 흡수한다.

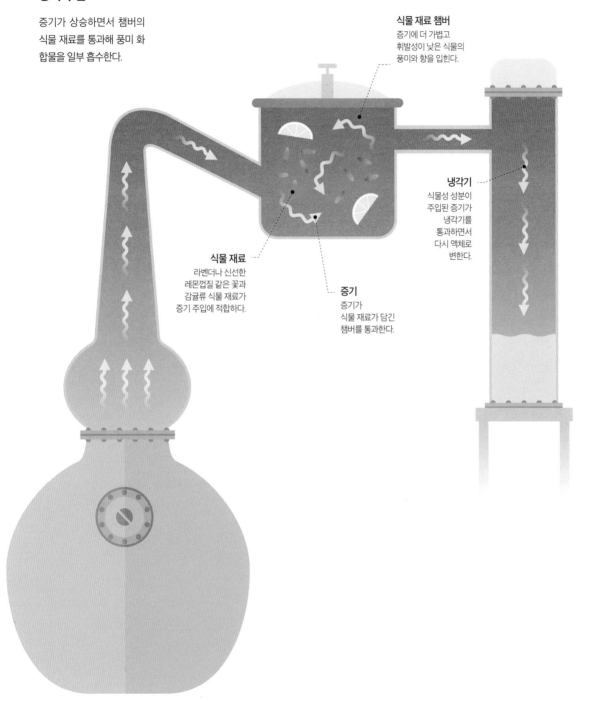

식물 재료 챔버
증기에 더 가볍고 휘발성이 낮은 식물의 풍미와 향을 입힌다.

냉각기
식물성 성분이 주입된 증기가 냉각기를 통과하면서 다시 액체로 변한다.

식물 재료
라벤더나 신선한 레몬껍질 같은 꽃과 감귤류 식물 재료가 증기 주입에 적합하다.

증기
증기가 식물 재료가 담긴 챔버를 통과한다.

증류 분류와 풍미

증류기를 가동하는 것은 수도꼭지를 틀면 진이 쏟아져 나오는 것처럼 간단한 일이
아니다. 스피릿은 단계적으로, 즉 분류(分溜)를 통해 생산된다. 최초류와 초류, 본류,
후류로 나뉜다.

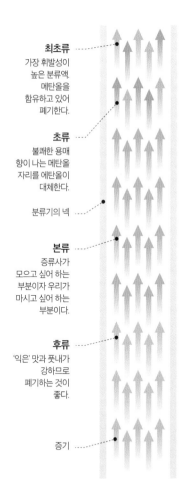

최초류
가장 휘발성이
높은 분류액.
메탄올을
함유하고 있어
폐기한다.

초류
불쾌한 용매
향이 나는 메탄올
자리를 에탄올이
대체한다.

분류기의 넥

본류
증류사가
모으고 싶어 하는
부분이자 우리가
마시고 싶어 하는
부분이다.

후류
'익은' 맛과 풋내가
강하므로
폐기하는 것이
좋다.

증기

분류 단계
증류액은 증류기에서 단계별로 빠져나오는데,
이를 분류라고 한다.

최초류

증류액 가운데 가장 휘발성이 높은 부분인 최
초류가 제일 먼저 나온다. 여기에는 에탄올보
다 끓는점이 훨씬 낮은 유독성 알코올인 메탄
올과 아세톤 및 다양한 알데히드 화합물이 포
함되어 있다. 최초류는 폐기해야 하지만, 다
행히 진의 경우에는 베이스 스피릿을 만들 때
대부분 제거된 상태다.

초류

본체의 온도가 올라가면서 휘발성이 낮은 풍
미 화합물이 증발해 냉각기로 이동한다. 초류
분류에서 발견되는 성분에는 아직 가볍고 휘
발성이 높으며 불쾌한 용매와 떫은맛을 내는
것들이 포함되어 있다.

본류

증류사는 최종적으로 진을 구성하는 최고의
풍미가 담겨 있는 본류 부분만을 담기 위해
언제 스피릿을 모으기 시작하고 언제 중단해
야 할지 판단해야 한다. 이 과정은 일반적으

로 증류기를 통과하는 스피릿의 ABV가 82%
에 가까워지고 본체의 온도가 약 82℃에 도달
할 즈음에 시작된다. 본체 온도가 점점 상승하
면서 스피릿의 ABV가 낮아진다. 이 과정 동안
스피릿의 풍미는 가벼운 꽃 향과 감귤류 풍
미에서 흙과 향신료 풍미까지 다양하게 변화
한다.

후류

풍미가 어느 순간 덜 반가운 '익은' 맛과 풋내
로 변하기 시작한다. 이는 일반적으로 ABV가
60%까지 떨어지고 본체의 온도가 88℃에
도달했을 때 발생한다. 후류는 초류와 함께 혹
은 따로 다시 모아서 증류할 수 있지만 라이
터 연료 등 비음용 재료로 판매하기도 한다.

스틸리지

스틸리지란 증류가 완료된 후 본체에 남은 물
질을 말한다. 증발하지 않은 액체와 본체에 넣
었던 식물 재료 등이 여기에 속한다. 단백질이
함유되어 있기 때문에 동물 사료로 활용하기
도 한다.

풍미 분류

이 그래프는 각 증류액의 본류 부분이 증류기를 통과할 때의 온도와
ABV, 풍미를 보여준다. 증류액에는 항상 모든 분류액이 함유되어 있지
만 상대적인 비율이 시간에 따라 달라진다. 각 분류액은 아래에 명시
된 순서대로 풍미를 지배한다.

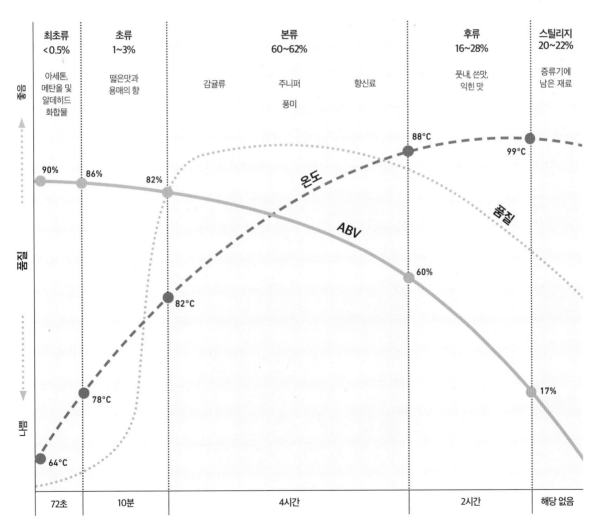

각 단계를 완료하는 데 걸리는 시간

증류기는 왜 구리로 만들까?

증류사가 구리로 만든 증류기를 선호하는 이유는 보기에 예쁠 뿐만 아니라 가단성(可鍛性) 및 열전도가 뛰어나는 등 여러 가지 실용적인 이점 덕분에 맛 좋은 스피릿을 완성할 수 있기 때문이다.

구리 단식 증류기
영국의 워릭셔 스투턴에 자리한 코츠월드 증류소는 크래프트 진을 생산하는 과정에 500리터 용량의 구리 단식 증류기를 사용한다. 이 증류기는 독일의 구리 장인 아널드 홀스타인이 제작한 것이다.

형태

증류기의 크기와 형태는 생산되는 알코올의 품질과 풍미에 중요한 영향을 미친다. 구리는 유연하고 가단성이 좋은 금속으로 어떤 종류의 형태라도 쉽게 만들 수 있다. 둥근 모양의 증류기, 증류기의 구근 또는 양파 모양 헬멧, 섬세하게 가늘어지는 헤드, 우아한 스완넥, 심지어 냉각기 내부에 설치하는 조금씩 가늘어지는 튜브까지 모두 알코올성 증기가 통과할 때 최적의 영향을 미칠 수 있도록 정밀하게 제작한다.

가열

증류 과정은 대부분 가열과 냉각으로 이루어져 있다고 볼 수 있다. 증류사는 증류기에 열을 전달한 다음 냉각기를 이용해 다시 열을 제거하는 과정의 모든 단계에서 온도를 제어하기 위해 주의를 기울인다. 구리는 열 전도성이 매우 뛰어나 증류사가 할 일을 훨씬 쉽게 만들어준다. 전도성이 낮은 재료로 만든 것보다 증류기를 가열할 때 소모되는 에너지가 적고, 냉각기를 통해 열을 제거하는 것도 훨씬 수월하다. 또한 구리는 증류사가 가열 및 냉각 속도를 보다 세밀하게 제어할 수 있게 하는데, 이는 완성된 스피릿의 풍미에 직접적인 영향을 미친다.

제거

구리는 증류 과정에서 또 다른 중요한 기능을 수행하는데, 바로 증기에서 황 화합물을 제거하는 것이다. 이러한 화합물은 발효 중에 자연적으로 생성되며 항상 어느 정도는 존재하고 있다. 하지만 스피릿에 황 화합물이 너무 많이 남아 있으면 날고기와 과조리한 채소, 썩은 달걀, 성냥 같은 냄새가 날 수 있다(아래 상자 참조).

증기가 증류기의 구리 부분에 닿으면 화학 반응이 일어나 구리염이 생성된다. 이 소금은 증류기 바닥으로 다시 떨어지면서 증기에서 제거되어 공정을 거친 스피릿에서 깔끔한 맛이 나게 된다.

에스테르

구리는 또한 완성된 스피릿에 존재하는 에스테르를 생성하는 화학 반응의 촉매제 역할을 한다. 에스테르는 럼이나 위스키 같은 증류주에 엄청난 풍미를 가미할 수 있는 아주 중요한 풍미 화합물 카테고리에 속한다. 사용한 식물에서 비롯된 풍미가 주된 역할을 하는 진에서는 그 중요성이 조금 떨어지는 편이다.

구리의 제거 기능

구리는 유황과 반응해 구리염을 형성하고, 이 구리염은 다시 증류기 바닥으로 떨어지면서 증기에서 제거된다.

구리염은 다시 증류기 바닥으로 떨어진다.

증기가 상승하면서 구리 표면에 접촉한다.

구리와 황 화합물

황화수소(H₂S)

황화수소에서는 썩은 달걀 냄새가 난다. 검출 임계값이 매우 낮기 때문에 소량만 존재해도 스피릿의 맛을 망칠 수 있다. 다행히 황화수소는 휘발성이 강해 적절한 조건을 갖추면 '갓 만든' 스피릿에서 저절로 증발해 사라진다.

디메틸 황화물(DMS, C₂H₆S)

디메틸 황화물에서는 스위트콘이나 통조림 토마토 냄새가 난다. 황화수소와 마찬가지로 휘발성이 높아 저절로 증발할 수 있지만 스피릿에서는 제거하는 것이 낫다.

디메틸 삼황화물(DMTS, C₂H₆S₃)

디메틸 삼황화물에서는 썩은 냄새와 고기 냄새, 과하게 익힌 양배추 냄새가 날 수 있다. 다행히 구리는 완성된 스피릿에서 이 화합물을 매우 효과적으로 제거할 수 있다.

루칭 현상이란 무엇일까?

일부 진에서는 루칭 현상이 일어날 수 있다. '루칭'이란 투명한 스피릿이나 리큐어를 물이나 기타 희석용 재료로 희석했을 때 탁하게 변하는 과정을 뜻한다. 파스티스와 압생트, 우조 등의 술에서 가장 흔하게 볼 수 있으며 그 덕분에 붙은 별명도 있다. 바로 우조 효과.

루칭 현상이 발생하는 원리

아라크와 라키, 삼부카는 쿠앵트로와 마찬가지로 모두 루칭 현상이 일어난다. 이들 모두의 공통점은 향을 내기 위해 사용한 식물 재료에서 유래한 소수성(물을 싫어하는) 에센셜 오일이 함유되어 있다는 것이다.

에센셜 오일은 주로 에탄올과 물의 혼합물인 스피릿 내부에 용해되어 있다. 스피릿을 희석하면 이 혼합물의 에탄올 농도가 낮아지면서 특정 지점에서 용해되어 있던 오일이 용액에서 빠져나와 작은 기름방울을 형성하게 된다. 이 방울이 액체를 통과하는 모든 빛을 산란시켜 뿌옇게 보이도록 만드는 것이다.

불량일까?

마시려던 음료가 투명하다가 갑자기 탁해지면 조금 망설여질 수 있다. 과연 마셔도 안전한 것일까?

걱정하지 말자. 술에는 아무 문제가 없다. 루칭 현상은 그저 이 음료에 에센셜 오일이 고농도로 함유되어 있다는 신호, 즉 풍미가 풍성하다는 뜻일 뿐이다.

진 증류사 중에는 루칭 현상을 불량품으로 간주하고 스피릿이 항상 맑은 상태를 유지해야 한다고 생각하는 사람이 있는 것도 사실이다. 하지만 진의 다양한 법적 정의에는 이러한 견

루칭 현상이 일어나는 이유

특정 음료를 희석하면 에센셜 오일이 용액에서 빠져나와 작은 기름방울을 형성한다. 이 방울이 빛을 산란시켜 술이 뿌옇게 보이게 만든다.

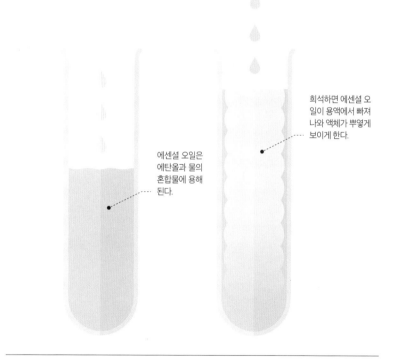

에센셜 오일은 에탄올과 물의 혼합물에 용해된다.

희석하면 에센셜 오일이 용액에서 빠져나와 액체가 뿌옇게 보이게 한다.

해를 뒷받침하는 내용이 없다. 요즘에는 다소 구식으로 취급받는 고정관념이다. 대다수 애주가들은 루칭 현상이 일어난 진을 마시는 것을 더없이 행복하게 여기고, 냉각 여과를 통해 스피릿에서 오일을 제거하면(63페이지 참조) 질감과 풍미가 너무 많이 사라진다고 생각한다.

진 증류소에서의 루칭 현상

증류사는 글라스에 따른 뒤 진에서 루칭 현상이 일어나는 것은 신경 쓰지 않는다고 하더라도 병에 담겨 있을 때만은 맑은 상태이기를 원한다. 진은 증류기에서 나올 때는 ABV가

80% 정도지만 병입하려면 도수가 40%에 가까워야 하므로 갓 증류한 스피릿에 물을 추가해 희석한다. 이때 특히 증류 직후 희석을 하면 루칭 현상이 일어날 수 있다.

이런 일이 생기는 원인 중 하나는 용기에 담긴 스피릿의 각 부분마다 오일과 알코올의 농도가 서로 다르기 때문이다. 스피릿이 아직 균질하지 않은 상태인 것이다. 이 단계에서 일어나는 루칭 현상은 가끔 그저 잘 섞은 다음 기다리면 쉽게 해결되곤 한다.

초류 확장 분류

증류사는 초류를 더욱 확장해 분류해내는 과정을 통해 진의 루칭 현상을 방지할 수 있다(58쪽). 증류기가 따뜻해지면서 처음 올라오는 증기는 증류기의 차가운 부분에 부딪히면서

모두 빠져나갈 수 있을 정도로 증류기 전체가 충분히 뜨거워질 때까지 계속해서 역류한다. 이는 수집하는 첫 번째 분류액이 이미 여러 번 증류되어서 주니퍼와 기타 에센셜 오일이 과도하게 농축된 상태일 수 있음을 의미한다.

후류 초기 분류

또 다른 선택지는 증류가 마무리될 즈음에 나오는 무거운 오일이 많이 모이지 않도록 후류를 더 빨리 분류해버리는 것이다(58쪽).

물의 희석 비율 줄이기

증류사가 선택할 수 있는 또 다른 방법은 스피릿을 희석하는 물의 용량을 줄여 ABV가 더 높은 상태로 병입하는 것이다.

중성 스피릿 증량

진에 이미 루칭 현상이 일어난 경우에는 가끔 중성 스피릿을 추가해 문제를 해결할 수 있다. 그러면 에탄올과 물의 균형이 바로잡히고 스피릿의 용해력이 높아져서 오일로 하여금 다시 용액 내에 수용되도록 유도할 수 있다.

냉각 여과

마지막으로 증류사는 진을 냉각 여과하는 과정을 통해 오일을 제거할 수 있다. 진을 0℃로 냉각한 다음 흡수 필터를 이용해 뿌옇게 변한 것을 제거하는 것이다. 하지만 루칭 현상을 유발하는 오일은 진의 풍미와 질감에도 영향을 미치기 때문에 이 방법이 항상 이상적인 것은 아니다.

루칭 현상 대처법

대개는 증류액을 잘 섞은 뒤 가만히 두는 것만으로도 문제가 해결되는 경우가 많다. 그래도 효과가 없다면 루칭 현상을 피하거나 없애기 위해 선택할 수 있는 여러 방법이 있다.

냉각 여과

진을 0℃로 냉각한 다음 여과하면 오일이 제거되지만 진의 풍미와 질감이 바뀔 수 있다.

중성 스피릿 증량

이미 루칭 현상이 일어난 진에 중성 스피릿을 추가하면 오일이 다시 용액에 녹아든다.

초류 확장 분류

초류를 더 많이 분류하면 증류기가 가열되면서 생성되는 주니퍼와 기타 에센셜 오일의 고농축 현상을 방지할 수 있다.

증류사의 해결책

후류 초기 분류

후류를 더 빨리 분류하면 증류가 끝날 무렵에 나오는 무거운 오일을 더 많이 제거할 수 있다.

물의 희석 비율 줄이기

희석하는 물의 양을 줄이면 에탄올 농도가 높게 유지되어 진의 용해력을 지킬 수 있다.

기타 증류법

어떤 증류사는 재료에서 추출한 향을 더욱 잘 제어하기 위해 과학 실험실이나
조향사의 전문 도구에서 차용한 색다른 증류법을 사용하기도 한다.

하이브리드 증류기

단식과 연속식을 결합한 하이브리드 증류기를 사용하는 증류사가 많다. 완전 연속식 증류기보다 운영비가 저렴하지만 단식 증류기보다 효율적이고, 알코올 도수가 훨씬 높은 스피릿을 생산할 수 있다. 일부 하이브리드 증류기는 관을 본체 바로 위에 결합하기도 한다. 고급 시스템에서는 많은 부분에 파이프와 분류 가감기 밸브를 설치한다. 그러면 증류사가 어떤 스피릿을 만드느냐에 따라 다른 경로로 증기를 전송할 수 있다.

초임계 추출

초임계 추출로 생산한
주니퍼 앱솔루트 100ml 유리병 하나면
진 6,000병에 향을 더할 수 있다.

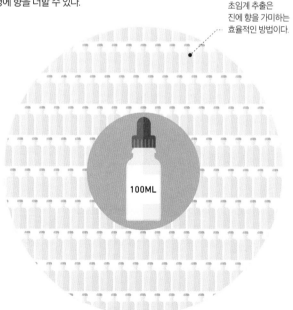

비록 이 과정에
약 일주일이 소요되지만,
초임계 추출은
진에 향을 가미하는
효율적인 방법이다.

100ML

진공 증류

온도가 높으면 풍미 추출 속도가 빨라진다(뜨거운 물 대신 찬물로 차를 우리는 경우를 생각해보자). 증류기 내부의 압력을 낮추면 에탄올과 풍미 화합물이 증발하는 온도도 낮아져 다양한 풍미가 부각될 수 있다. 또한 진공 증류를 이용하면 증류사가 고온에서 변질되거나 파괴될 수 있는 풍미까지 포착해서 남길 수 있다. 따라서 완성된 진에서 훨씬 가볍고 섬세한 풍미가 나게 한다.

초임계 추출

증류사가 조향사의 연구실을 습격하면 일어날 수 있는 일이다. 초임계 추출 방식은 진공 증류처럼 압력을 낮추는 대신 반대로 높이는 방식이다. 기계가 이산화탄소를 액체와 기체 역할을 동시에 하는 '초임계 상태'가 될 때까지 압축한다. 그런 다음 압축한 이산화탄소를 식물 재료 더미에 통과시키면 용매 역할을 해 모든 에센셜 오일을 걷어오고, 이를 통해 조향사가 앱솔루트라고 부르는 결과물이 생성된다. 헤플이 이 기술을 이용해 주니퍼 앱솔루트를 생산한다. 형광 노란색 샐러드 드레싱이 담긴 작은 병처럼 생긴 제품으로, 뿌리부터 바늘

증류사는
진공 증류를 통해
고온에서는 망가질 수 있는 풍미를
포착해낼 수 있다.

잎 끄트머리까지 주니퍼 덤불의 모든 것을 흡입하는 것 같은 향을 풍긴다. 고작 100ml를 추출하는 데 일주일 정도가 걸리지만 이 정도의 양이면 진 6,000병에 향을 더할 수 있다.

멀티샷 증류

단식 증류기를 이용한 증류 과정(50~51쪽)을 싱글샷 증류라고 한다. 식물 재료 1회 분량과 한 차례의 증류로 진 한 상자를 생산해 행복한 고객 한 무리에게 전달하는, 과거부터 이어져 오던 방식이다.

멀티샷 방식(또는 농축 방식)은 한 번에 다회 분량의 진에 향을 내기에 충분한 만큼의 식물 재료를 활용한다. 강렬한 식물 재료 농축액을 먼저 다량의 베이스 스피릿으로 희석해 풍미의 균형을 맞춘 후 다시 물로 희석해 병입할 수 있는 알코올 도수로 조절한다.

멀티샷 증류를 선호하는 사람은 멀티샷이 훨씬 효율적이고, 시간과 에너지가 덜 소요되며, 공급과 수요를 관리하기에 상업적으로 장점이 많다고 주장한다. 반대론자는 멀티샷이 진의 품질을 떨어뜨린다고 주장하지만 아직 블라인드 테이스팅에서 결정적으로 증명된 바는 없어서 유명 브랜드에서도 멀티샷 증류를 많이들 활용하고 있다.

콘티넨털 방식

각각 별도로 증류한 식물 재료 원액을 마지막에 함께 혼합해 완성품인 진을 만드는 방식이다.

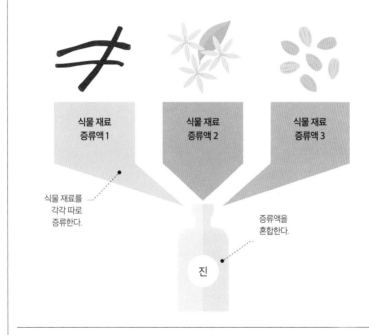

식물 재료를
각각 따로
증류한다.

증류액을
혼합한다.

진

콘티넨털 방식

대륙식이라는 뜻의 콘티넨털 방식은 각 식물 재료를 개별적으로 증류한 다음 그 증류액을 블렌딩해 완성품인 진을 만드는 방식이다. 영국에서는 거의 사용되지 않지만 유럽 대륙에서는 일반적이다(덕분에 대륙식이라는 이름이 붙었다). 콘티넨털 방식을 지지하는 사람들은 완성된 진의 아로마와 품질, 선명도가 높아진다고 주장한다.

진은 무엇으로 만들까?

일부 증류주는 법적으로 규정된 정의에 따라서 기본 알코올을 만드는 데 사용할 수 있는 농산물이 정해져 있다. 예를 들어 스카치위스키는 보리로만 만들어야 하고, 버번은 옥수수 함량이 51% 이상이 되어야 한다. 하지만 진은 그렇지 않다. 발효할 수 있는 것이라면 무엇이든 사용할 수 있다. 그 결과 우리는 온갖 종류의 재료로 만든 진을 접할 수 있게 되었다.

곡물

다른 스피릿 베이스를 자유롭게 사용할 수 있음에도 불구하고 거의 모든 진 제조업체는 곡물로 만든 스피릿을 선호한다. 주된 이유는 가격과 품질이다. 곡물 스피릿을 생산하는 대형 증류업체는 오랫동안 많은 양을 생산해왔기 때문에 실력이 뛰어나고, 큰 비용을 들이지 않아도 될 만큼 효율적인 방식으로 성장했다. 보리나 호밀 스피릿으로 만든 진도 구할 수 있지만 대부분은 밀로 만든다. 'NGS'(중성 곡물 스피릿)나 'GNS'(같은 뜻으로 단어 순서만 바뀐 것)라는 단어가 기재되어 있다면 밀로 만든 스피릿일 가능성이 높다.

당류

이 페이지에 실린 모든 재료는 엄밀히 말해서 일종의 당(포도당, 과당, 유당 또는 맥아당)이지만 여기서는 구체적으로 사탕수수와 당밀, 사탕무에서 발견되는 자당에 대해 알아본다.

    앞의 두 가지는 풍미가 더 뚜렷하게 드러나는 럼으로 만드는 경우가 많지만 도수 96%

진의 스피릿 베이스

진의 스피릿 베이스는 대부분 곡물,
특히 밀로 만들지만 포도나 당류, 감자, 유청 등의
재료를 사용하는 증류업체도 있다.

곡물

포도

당류

유청

감자

ABV 이상으로 증류해도 '중성' 스피릿에 자당의 부드럽고 따뜻한 단맛이 남아 있다. 프랑스의 증류업체는 나폴레옹 전쟁(1803~1815년)으로 서인도 제도에서 설탕을 구할 수 없게 되자 뿌리에 자당이 함유되어 있는 사탕무로 대체하기 시작했다.

포도

우리는 포도로 만든 술에 익숙하므로 와인을 증류할 수 있다는 사실도 그리 놀랄 일이 아니다. 보통 브랜디로 만들지만 증류해서 베이스 스피릿으로 만들면 포도의 특성이 완전히는 아니지만 대부분 제거된다. 포도 스피릿은 조금 거칠 수 있지만 희석하면 꽃향기가 강해진다. 지바인 플로레종 진(185쪽), 지오메트릭 진(202쪽), 런던 투 리마 진(203쪽), 샌디 그레이 진(205쪽) 등 일부 증류업체가 포도 스피릿을 이용해 만든 아주 성공적인 진도 여럿 존재한다.

감자

감자로 와인을 만들면 끔찍하지만, 좋은 스피릿을 만들 수는 있다. 마치 으깬 감자처럼 완성된 스피릿에 부드럽고 크리미한 질감과 아주 미세한 풍미를 더해준다. 일부 진 제조업체는 점성이 생기기 때문에 감자 스피릿으로 만든 진이 식물 풍미를 더 잘 '전해준다'고 설명한다. 물론 크리미한 느낌 자체도 매우 기분 좋은 질감 요소다.

기타 진 베이스

일본의 일부 진 증류업체는 일반적으로 발효한 쌀과 곡물(보리나 메밀), 황설탕, 고구마를 이용해 만든 증류주를 베이스로 삼아 진을 생산한다. 일본소주는 완성된 진에 풍미와 질감을 선사하며 존재감을 자랑한다.

교토 증류소에서 생산한 키 노 비 진처럼 쌀 기반의 중성 스피릿을 사용하는 일본 진도 있다. 카이쿄 증류소에서 생산한 135° 이스트 효고 드라이 진(175쪽)은 아카시 사케 브루어리에서 만든 사케 증류액을 섞어 베이스 스피릿에 맛을 더한다.

프랑스의 칼바도스 생산자 메종 드루앵은 증류한 사과주로 중성 스피릿에 향을 낸 르 진 드 크리스티앙 드루앵(195쪽)을 만든다. 쓴맛과 달콤씁쓸한 맛, 단맛, 날카로운 신맛 등 다양한 맛을 지닌 사과 30종 이상을 섞어 만든 사과주다.

유청

낙농업이 크게 발달한 아일랜드는 많은 양의 우유로 버터를, 그보다 더 많은 양의 우유로 치즈를 만든다. 이는 즉 유청(치즈 제조 후 부산물로 남은 액체)이 많이 생긴다는 것을 의미한다. 유청(우유 속 유당이 당류로 변한 것)을 발효시키고 증류해서 진으로 만들 수 있다는 반짝이

는 아이디어가 떠올랐던 날은 정말 행복했을 것이다.

현재 아일랜드에는 상당한 숫자의 '우유 진'이 생산되고 있으며, 유청 스피릿을 사용하면서 라벨에 기재하지 않은 제품은 그보다 더 많다. (유당은 알레르기 유발 물질이지만 발효와 증류를 거치면 괜찮다.)

베이스 스피릿,
만들 것인가 구입할 것인가?

진 제조업체 중에서 자체적으로 베이스 스피릿을 증류하는 곳은 거의 없다. 세계 최대의 진 생산국이자 증류업체 약 563곳의 고향인 영국에서도 곡물 재료에서 잔에 따라지는 순간까지, 혹은 감자에서 잔까지 모든 과정을 담당하는 곳은 극소수에 불과하다. 왜 더 많은 사람이 직접 스피릿을 만들지 않는 것일까? 그리고 직접 만드는 곳의 진은 품질이 더 좋은 것일까?

농업 증류소

증류 관련 지식이 처음 전 세계에 퍼져 나갔을 때는 농부들이 잉여 작물, 그중에서도 곡물을 처리하기 위한 수단으로 증류를 택했다. 증류법을 알기 전까지는 잉여 곡물이 상하기 전에 파는 것만이 유일한 선택지였다. 점점 더 많은 곡물이 시장에 나오면서 가격은 하락했고 농부는 노력에 대한 보상을 덜 받게 되었다.

잉여 곡물을 증류하면 거의 무한정 보관할 수 있는 가치 있고 안정적인 자원으로 바꿀 수 있었고, 흉년기에 판매해 수입을 보충할 수 있었다. 또한 다량의 곡물보다 증류주 몇 배럴을 저장하고 운반하는 것이 훨씬 쉬웠다.

원래 술은 원재료가 자라는 곳에서 생산된다. 그러나 진은 주로 전 세계의 식물 원료가 들어오는 항구 근처 도시에서 만들어졌다. 항상 그렇지는 않지만 대체적으로 그랬다.

오늘날에도 '농업 증류소' 또는 '농장 증류소'라고 말하면 원재료를 이용해 스피릿 알코올을 만드는 곳을 의미한다.

얼마나 순수해야 할까?

영국과 EU에서는 진의 법적 정의(12~13쪽)에 따라 진은 농업용 에탄올(그 자체도 법적으로 정의된 용어다)로 만들어야 하며 초기 알코올 도수가 최소 96% ABV 이상이어야 한다. 미국에서는 최소 ABV가 95%다(14쪽).

구입 비용은 물론 운용하는 데 따른 비용이 많이 드는, 플레이트가 약 40개 달린 연속식 증류기(52~53쪽)가 필요하고 이를 수용할 수 있을 만큼 증류소 천장이 높아야 한다. 또한 증류소가 원재료(곡물 등)를 보관하고 이를 발효시켜서 워시로 만들어 본체에 투입할 수 있는 공간과 장비를 갖추고 있어야 한다.

96% ABV까지 증류하는 것은 크게 달라 보이지 않을 수 있지만 사실은 상당한 도전이 필요한 과제다. 본체의 알코올 워시가 이 농도에 도달하면 공비점(共沸點), 즉 혼합물이 일정한 끓는점을 지닌 하나의 순수한 액체처럼 작용하는 지점에 도달하게 된다. 이 단계에서는 다른 증류법을 사용하지 않고서는 더 이상 분리를 할 수 없다.

영국 및 EU의
베이스 스피릿
96% ABV

미국의
베이스 스피릿
95% ABV

합법적인 진
진의 베이스 스피릿의 알코올 도수에 대한 법적 정의는 전 세계에 걸쳐 매우 다양하지만 큰 차이는 없다.

규모의 경제

중성 스피릿을 생산하는 증류업체는 베이스 스피릿 생산과 진 생산을 번갈아 하는 것이 아니라 작업의 효율성을 극대화할 수 있도록 설계된 증류소를 갖추고 있다. 또한 이들은 재료를 유리하게 조율한 계약을 통해 대량으로 구매한다. 간단히 말해서 가격으로 경쟁하기가 참으로 어렵다. 베이스 스피릿을 직접 생산하면 30파운드짜리 진 한 병마다 5파운드가 추가로 들지만 베이스 스피릿을 구입하면 리터당 몇 펜스 정도밖에 들지 않는다. 게다가 가격은 저렴하지만 품질은 뛰어나다. 그렇다면 이 모든 것을 고려할 때 과연 스피릿을 직접 만들고 싶어질까?

예술성은 어떻게 고려해야 할까?

진의 세계를 하나의 미술관으로, 다양한 진은 그 벽에 걸린 그림이라고 상상해보자. 베이스 스피릿을 만드는 것은 캔버스를 만드는 것과 같다. 우리가 갤러리에 가는 것은 캔버스를 보기 위해서일까? 물론 아니다! 우리는 캔버스에 그려진 그림에 더 관심이 있다.

베이스 스피릿을 직접 생산하는 진 제조업체는 보통 이 과정이 진에 선사하는 테루아 감각에 대해 논한다. 하지만 96% ABV까지 증류한다면 이 테루아가 완성된 진의 풍미에서 과연 얼마나 표현이 될 수 있을까? 아마도 그리 많지 않을 것이다. 한곳에서 생산된 재료만을 이용해 진을 만든다는 것은 좋은 생각

일 수도 있지만, 그보다는 만족스러운 스토리텔링을 가미하기 위한 것에 지나지 않기도 한다. 완성된 베이스 스피릿을 구입해서 사용하는 진 브랜드를 무시해야 할 이유는 전혀 없다. 업계 대다수가 그렇게 하고 있으며, 구입한 베이스 스피릿을 이용해 훌륭한 진을 만들 수 있는 제조업체도 아주 많다.

진정한 예술성은 식물 재료의 선택과 조합, 그리고 증류사가 선택한 풍미 프로필이 완성

증류와 정류

화학을 전공하는 학생이라면 누구나 기술적으로 무언가를 증류하는 것과 정류하는 것에는 차이가 없다고 말할 수 있다. 그러나 실제로 '증류'라는 용어는 보통 발효된 액체를 처음으로 스피릿으로 만드는 경우에만 적용된다.

정류는 이미 증류한 스피릿을 다시 증류기에 통과시키는 것을 의미한다. 거치는 과정 자체에는 차이점이 없지만 증류기에 통과시키는 목적이 다르다. 스피릿의 알코올 도수를 높이거나 불순물을 한 번 더 제거하기 위함일 수도 있고, 진의 경우처럼 다른 풍미를 주입하기 위해서일 수도 있다.

많은 국가에서는 정부가 이러한 과정에 대해 개별적이고 명확한 자격 등을 발급하고 있다. 정부는 이를 통해 증류주에 대한 통제를 강화하고 증류주에 부과되는 관세를 더욱 많이 확보하는 효과를 누린다.

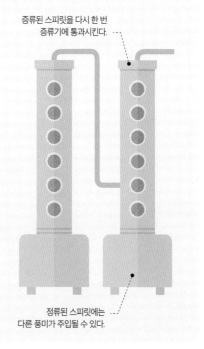

증류된 스피릿을 다시 한 번 증류기에 통과시킨다.

정류된 스피릿에는 다른 풍미가 주입될 수 있다.

된 스피릿에 얼마나 잘 표현되고 있는지에서 드러난다. 많은 증류사에게 요구되는 사항이다. 그들은 뛰어난 미각을 가지고 창의적인 방식으로 맛을 상상할 수 있어야 한다. 증류기가 식물 재료에 어떻게 작용하는지 이해해야 하고, 열과 알코올에 노출되는 방식을 조절할 수 있어야 한다. 또한 완성된 진의 ABV를 어떻게 조절하면 특정 풍미가 유지되거나 방출되는지 알아야 한다.

콤파운드 진

이 모든 증류 과정이 번거롭게 느껴진다면 대안이 있다. 간단하게 베이스 스피릿에 식물 재료를 섞고 일정 기간 동안 기다리면 향을 낼 수 있다. 그런 다음 찌꺼기를 걸러내고 강도에 맞게 희석한 다음 평소 하는 것처럼 병에 담으면 된다. 하지만 이렇게 만든 스피릿도 진으로 인정받을 수 있을까? 물론 모두가 동의하지는 않을 것이다.

콜드 콤파운딩

콤파운딩은 알코올과 물의 혼합물을 통해 식물 재료로부터 풍미 화합물을 추출하는 방식으로 이루어진다. 이 혼합물에 함유된 에탄올은 용매(49쪽)로서 식물에서 추출한 에센셜 오일을 녹이는 역할을 한다. 제조업자가 이 과정에서 순수한 주정만을 사용하지 않는 것은 물에 더 잘 녹는 다른 풍미 화합물도 있기 때문이다. 식물에서는 향기와 함께 색도 일부 추출되기 때문에 콤파운드 진은 함유된 성분으로 인해 은은한 색조를 띠는 경우가 많다.

배스텁 진(39쪽)이라고도 불리는 콤파운드 진은 평판이 별로 좋지 않다. 어느 정도는 끔찍한 밀주의 맛을 가리기 위해 콤파운딩을 활용했던 미국의 금주법 시기(1920~1933년)에 비롯된 것이기도 하다. 또한 콤파운드 진은 풍미가 상대적으로 거칠고 자극적이며 특정 색을 띠는 경우가 있고 에센셜 오일의 농도가 높아서 수상쩍은 느낌을 주는 이유도 있다 (62~63쪽).

콜드 콤파운딩

상온에서 알코올과 물 혼합물에 식물 재료를 주입해 향을 우린다(따라서 '콜드 콤파운딩'이라고 부른다). 에탄올이 식물 재료의 에센셜 오일 일부를 용해시켜 혼합물에 풍미 화합물을 추출해낸다.

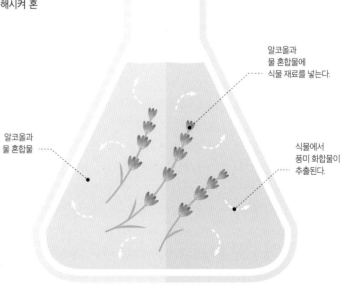

알코올과
물 혼합물에
식물 재료를 넣는다.

알코올과
물 혼합물

식물에서
풍미 화합물이
추출된다.

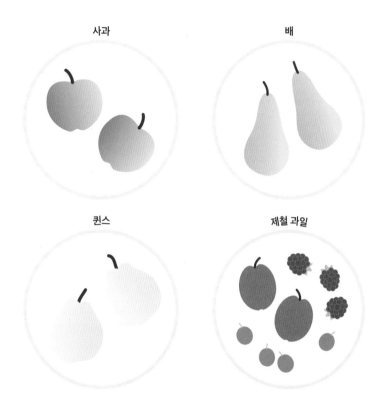

사과

배

퀸스

제철 과일

콜드 콤파운딩에 사용되는 과일

껍질보다는 과육에서 풍미가 나는 과일이 콤 파운딩에 잘 어울린다. 여기에는 사과나 배, 퀸스 같은 과수원 과일과 블랙베리, 자두, 딸 기, 슬로 같은 제철 과일이 포함된다.

낮은 온도의 장점

현대의 애주가들은 이러한 모든 '결점'을 너그 럽게 받아들이는 경향이 있다. 요즘에는 모험 적인 입맛을 지닌 사람이 더 많고, 맛만 뒷받 침된다면 음료가 어떤 형태를 띠고 있어도 열 린 마음으로 받아들이는 편이다. 덕분에 증류 후에 포도를 넣고 8주간 숙성시켜서 색과 풍 미를 더한 포 필러스 블러디 시라즈(193쪽)와 같은 콤파운드 진도 시장에서 자리 잡을 수 있게 되었다.

콤파운드 진은 특히 껍질보다는 과육에서 풍미가 두드러진 과일과 잘 어울린다. 과일의 과육은 증류의 열은 잘 견디지 못하지만 콤파

운딩에는 잘 적응하는 편이다. 따라서 제철 과 일이나 사과, 배, 퀸스 등과 같은 과수원 과일 을 활용하기 좋다.

콤파운드 진은 풍미가 강하기 때문에 네그 로니(142쪽)와 같은 칵테일에 아주 성공적으 로 적용할 수 있다. 다른 재료가 진의 섬세한 식물성 향을 압도할 위험이 있는 칵테일이라 면 어디에든 시도해보자.

추출물로 만든 진

중성 베이스 스피릿에 미리 준비한 식물 추출 물이나 에센스를 섞어 콤파운드 진을 만드는 훨씬 더 쉬운 방법도 존재한다. 영국과 미국에

서는 흔하지 않지만 벨기에와 스페인에서는 많이 찾아볼 수 있다.

이러한 진은 완전히 투명하고, 라벨에 콤파 운드 진이라고 언급하지 않는 경우가 많다. 이 런 방식으로 만든 진에는 매력을 느끼지 못하 는 사람이 많다. 만약 피하고 싶다면 라벨에 증류를 거쳤다는 것을 명시한 진이나 반드시 증류해야 하는 '런던 드라이'(73쪽)라는 문구가 적힌 진을 고르도록 하자.

다양한 진 스타일

진은 복잡한 술이다. 스타일 분류가 반드시 진의 맛을 규정짓는 것은 아니다. 그보다는 어떻게 제조되었는가와 연관이 깊다. 지금부터 살펴볼 진의 여러 스타일에는 알아두어야 할 몇 가지 중요한 차이점이 있다.

에이지드 또는 배럴 레스티드 진

모든 진은 나무 숙성 기간을 거친 적이 있다. 나무통 배럴에서 시간을 보내면 쓴맛 화합물이 부드러워지면서 바닐라, 코코넛, 제빵용 향신료(정향, 시나몬, 너트맥 등)와 이전에 담겼던 내용물의 풍미(92~93쪽)가 배어든다. 일부 진 제조업체에서는 진을 다시 나무통에서 숙성시키고 있지만 시장 전체로 보면 작은 규모라 애주가 사이에서는 틈새시장으로 남아 있다.

코스탈 진

다른 진에서는 흔히 볼 수 없는 해산물 성분을 특히 많이 사용하는 뉴 웨스턴 드라이 스타일 진(74쪽)의 부분집합에 속한다. 영국과 아일랜드(해안선에 섬이 많다는 공통점이 있다) 전역에서 등장하고 있지만 특히 '켈트 변두리'(콘월과 웨일스, 스코틀랜드 해안)와 실리 제도, 헤브리디스 제도 등의 외딴섬에서 두드러진다. 맛있는 짭조름함과 감칠맛, 허브 채소 향을 지닌 진이다. 좋은 예시로 루사 진(210쪽), 아일 오브 해리스 진(210쪽), 록 로즈 시트러스 코스탈 에디션 진(213쪽)을 들 수 있다.

진의 스타일

진의 스타일은 맛에 따른 분류라기보다 진이 만들어지는 과정과 더 연관이 깊다.

에이지드
또는
배럴 레스티드 진

코스탈 진

콜드 콤파운드
또는
배스텁 진

플레이버드 진

콜드 콤파운드 또는 배스텁 진

콜드 콤파운드(배스텁) 진은 진의 맛보다는 만들어지는 과정을 설명하는 아주 느슨한 개념이다(70~71쪽 '콤파운드 진' 참조). 증류를 거치지 않고 스피릿에 식물 재료를 담그는 식으로 제조하면 더 짜릿한 풍미가 나고, 제조업자가 증류 과정에서 버티지 못하는 재료를 넣을 수 있게 된다.

플레이버드 진

핑크 진(같은 이름의 칵테일과 혼동하지 말자), 레몬 진, 딸기 진 등을 모두 포함하는 또 다른 아주 느슨한 분류법이다. 이 진의 유일한 공통점이라면 가끔은 주니퍼를 가려버릴 정도로 강력하게 풍미를 지배하는 특정 시그니처 식물 재료가 들어간다는 것인데, 이 경우에는 이게 진이냐고 반문할 수도 있다.

런던 드라이

가장 잘 알려진 진 스타일이다. 반드시 런던에서 생산된 진만 가리키는 것은 아닌데, 이 진 제조법이 생겨난 곳이 런던이라서 붙은 이름이기 때문이다. 런던 드라이 진은 에탄올에 식물을 넣고 70% ABV가 되도록 재증류해서 만든다(13쪽). 중요한 것은 증류한 후에 여분의 에탄올(동일한 출처와 강도, 구성)과 물 외에는 아무것도 첨가할 수 없다는 것이다. 착색료와 향료는 물론 감미료도 금지되어 있기 때문에 '드라이'가 붙는다.

주니퍼가 주도적이라는 것 외에는 반드시 지켜야 할 특정 풍미 프로필이 정해져 있지 않지만 탱커레이 런던 드라이(164쪽), 젠슨스 버몬지 드라이 진(161쪽) 등의 예시처럼 '클래식 런던 드라이'의 맛을 고수하는 곳이 많다. 감귤류(주로 오렌지), 코리앤더, 오리스 뿌리, 안젤리카 등이 서로 균형이 잡히고 잘 어우러지는 풍미가 돋보이는 편이다.

런던 드라이 네이비 스트렝스 뉴 웨스턴 드라이 올드 톰 플리머스 진

네이비 스트렝스

영국 해군은 배에 럼(병사용)과 진(장교용)을 보관하곤 했다. 쏟아지더라도 배에 실린 화약을 손상시키지 않을 정도로 가연성이 충분한 알코올이어야만 했기 때문이다. ABV가 57.15%인 스피릿이어야 알코올이 화약과 섞였을 때 연소될 수 있을 정도이기 때문에 이것이 우리가 지금 네이비 스트렝스(해군용 도수)라고 불리는 ABV가 되었다.

57.15% ABV + **화약** =

네이비 스트렝스

네이비 스트렝스를 만족시키려면 진은 ABV가 57%를 넘어야 그 가치를 증명할 수 있다(위 상자 참조). 네이비 스트렝스 진과 관련해서 정해진 풍미는 없다. 다만 알코올 도수 때문에 대체로 강한 편이고 식물성 향이 느껴진다는 공통점이 있다. 따뜻하지만 타는 듯하거나 따가운 느낌을 주지 않아야 좋은 진으로, 이를 전문 용어로는 알코올이 '잘 통합되어 있다'고 한다. 스웨덴의 에르노 네이비 스트렝스(160쪽)를 마셔보자. 강한 진과 해군의 역사는 오래되었지만 '네이비 스트렝스 진'이라는 단어는 비교적 최근에 생겨난 것이다. 1990년대 플리머스 진의 마케팅 덕분으로 생각된다.

뉴 웨스턴 드라이

에비에이션 진(183쪽)을 만들어낸 라이언 마가리언이 주니퍼가 발을 살짝 빼서 다른 식물이 빛을 발할 수 있게 만든 현대식 진을 설명하기 위해 창조한 용어다. 중요한 것은 그래도 주니퍼가 여전히 지배적인 풍미여야 한다는 것이다. 그렇지 않으면 더 이상 진이라고 할 수 없다. 다른 식물이 '거의' 주인공이 될 법한 상태여야 한다.

'컨템포러리 진' 또는 '뉴에이지 진'이라고도 불리는 이들 진은 사실 보드카로부터 시장점유율을 다시 빼앗아오기 위해 만들어졌다는 이론이 있다. 대부분 클래식 진보다 가볍고 접근하기 좋지만 그렇다고 해서 풍미가 부족하다는 것은 아니다. 탱커레이 넘버텐(173쪽), 봄베이 사파이어(158쪽), 헨드릭스(186쪽), 로쿠(180쪽) 등이 좋은 예시다.

올드 톰

올드 톰은 18세기와 19세기에 유행했던 달콤한 스타일의 진으로 런던 드라이가 인기를 끌면서 반대급부로 인기가 떨어졌다. 오래된 칵테일 레시피 중에는 올드 톰 진을 염두에 두고 만들어진 것이 많다. 과거에는 진에 주로 설탕과 꿀을 넣어서 단맛을 냈다. 현재 올드 톰 스타일로 돌아간 증류업체는 주로 자당을 첨가하지 않고 감초를 사용해 단맛을 내는 '식물성 단맛' 진을 생산한다.

오래된 칵테일 레시피 중에는
올드 톰 진을 염두에 두고
만들어진 것이 많다.

어떤 제조업체(특히 미국)는 올드 톰 진을 배럴에서 숙성시키는 것을 선호한다. 다만 이 스타일을 규정하는 법적 요건은 아니기 때문에 일반적으로 위스키처럼 올드 톰 진에 숙성 기간을 표시하지는 않는다.

단맛과 주니퍼를 제외하면 올드 톰 진을 하나로 묶는 특별한 풍미 프로필은 없다. 단맛은 다른 식물성 향을 압도하기보다는 균형을 이루는 식이어야 한다. 헤이먼스의 올드 톰이 시험 삼아 마셔보기 좋다.

플리머스 진

어떻게 진 하나가 그 자체로 하나의 스타일이 될 수 있었을까? 아마 적절한 시기에 적절한 장소에 있었기 때문일 것이다. 플리머스 진이 전 세계를 누비느라 바빴던 영국 해군의 공급업체였던 것도 도움을 주었다. 그리고 다른 진과는 조금 차이가 있다. 런던 드라이보다 부드럽고 매끄러우면서 풀보디다. 식물 베이스의 뿌리 향과 흙 향기가 더 강하고 심하게 드라이하지 않다.

한때는 EU 법이 플리머스 스타일을 보호했기 때문에 영국의 해군 도시인 플리머스에서만 생산할 수 있었다. 그러나 법이 바뀌면서 브랜드 소유주인 페르노리카는 레시피를 공개해야만 생산지를 보호받는 상태를 유지할 수 있게 되었다. 그리고 그들은 2014년에 이 '보호'를 포기하기로 결정했다.

그러니 플리머스 스타일을 맛보고 싶다면 선택지는 하나뿐이다. 플리머스 진(163쪽)이다. 거의 모든 칵테일과 잘 어울린다. 플리머스 진은 네이비 스트렝스 버전으로 만들기도 하는데, 이 지점에서는 진 스타일에 대한 개념이 좀 헷갈리게 된다. 이것은 플리머스 진인가, 네이비 스트렝스인가?

저알코올 진

저알코올 진은 존재하지 않으며 실제로 존재할 수도 없는데, 진의 법적 최저 알코올 도수가 영국과 EU에서는 37.5% ABV, 미국에서는 40% ABV이기 때문이다(12~14쪽). 하지만 호주나 뉴질랜드처럼 진에 대한 법적 정의가 존재하지 않는 나라도 있다(14쪽).

하지만 그렇다고 해서 진이 알코올 섭취량을 조절하고 싶은 애주가에게 저알코올 선택지를 전혀 줄 수 없다는 뜻은 아니다. 진 에센스 또는 진 농축액은 식물성 원료를 다량으로 넣어서 제조해 ABV가 40~50%인 상태로 병입한다. 따라서 향이 매우 강렬하기 때문에 글라스에 아주 조금(약 2.5ml, 1/2작은술)만 넣어도 된다. 이를 토닉 200ml와 희석하면 풍미가 균형이 잡혀 일반 진토닉과 비슷한 맛이 나지만 ABV는 0.6% 정도에 불과하다. 헤이먼스 스몰 진, 애드넘스 스미진 진, 체이스 디스틸러리의 드라이 진 에센스 등이 있다.

주로 200ml 병으로 판매하며 계량스푼이나 골무 모양 컵 또는 피펫이 내장되어 있어 정확한 양을 계량할 수 있다.

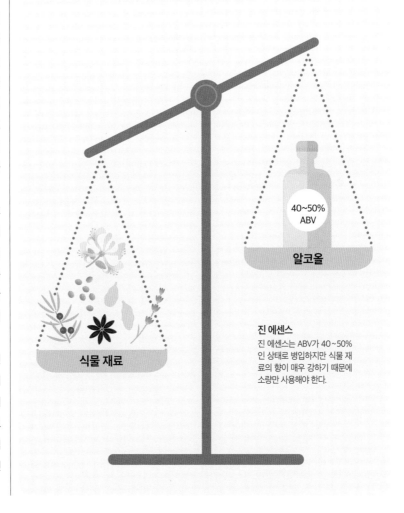

진 에센스
진 에센스는 ABV가 40~50%인 상태로 병입하지만 식물 재료의 향이 매우 강하기 때문에 소량만 사용해야 한다.

식물 재료

40~50% ABV

알코올

슬로 진

슬로는 일종의 산사나무(프루누스 스피노사)에 열리는 작은 자두 모양 열매다. 대부분의 새가 먹지 못하는 열매이기 때문에 초가을까지 남아 있어서 인간의 몫이 되어 진과 설탕에 재운다. 그런다고 슬로가 맛있어지지는 않지만 진에는 확실한 변화가 생긴다.

과일 향 리큐어

슬로 진은 엄밀히 말하면 리큐어다(설탕을 첨가하기 때문이다). 과일과 흙 향이 나고 새콤한 혼합물로 추운 계절에 벽난로 옆에 앉아서 아무것도 첨가하지 않고 마시거나 탁 트인 대자연 속에서 하이킹을 할 때 힙플라스크에 따라서 마시면 특히 좋다. 하지만 겨울에만 마시는 술은 아니다. 쌈싸름한 레몬이나 셰리를 섞으면 여름철의 하이볼로도 잘 어울린다. 진을 베이스로 삼는 칵테일 중에는 슬로 진으로 만들면 훨씬 깊은 맛이 나는 것이 많다.

수확

유럽과 서아시아가 원산지인 슬로는 추워져야 익기 때문에 전통적으로 첫 서리가 내린 후에 수확한다. 날카로운 핀이나 슬로가 자라는 나무의 가시로 열매를 찔러줘야 한다는 이야기도 들어본 적이 있을 것이다. 슬로는 익음

슬로 진 만드는 법

설탕을 처음에 넣을지, 진이 숙성될 때까지 기다렸다가 넣을지는 취향의 문제다. 이 모든 과정이 너무 번거롭다면 시판 슬로 진을 구입해도 무방하다.

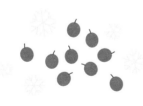

1

세척과 냉동
슬로를 깨끗하게 씻은 다음
냉동실에 넣어
숙성시키면서 터지게 한다.

2

병입
대형 단지나 병에
슬로를 반 정도 넣은 다음
진을 가득 채운다.

3

보관
병을 서늘한 응달에
6개월까지 보관한다.
가끔 부드럽게 흔들어 잘 섞는다.

진을 베이스로 삼는 칵테일 중에는
슬로 진으로 만들면
훨씬 깊은 맛이 나는 것이 많다.

과 동시에 터지기 때문에 냉동실에 보관하는 것도 방법이다. 가시덤불에 찔리고 싶지 않다면 온라인으로도 구입할 수 있다.

슬로 진 레시피

슬로 진에는 특별히 정해진 레시피가 없다. 슬로를 수확해 손질한 다음 단지나 병에 슬로를 반 정도 채우고 진을 가득 부어 넣고 기다릴 수 있는 만큼 기다렸다가 마시면 된다. 보통 두세 달 정도 기다리는 것이 일반적이다. 가능하면 6개월 정도 재우는 것이 제일 좋다.

설탕을 처음부터 넣어야 한다는 사람이 많지만 십중팔구는 틀린 말이다. 과일의 당도가 매해 다르기 때문에 슬로 진을 충분히 숙성시킨 다음 맛을 보고 설탕이나 시럽, 꿀 등으로 당도를 맞추는 것이 좋다. 그 십중팔구에 예외가 있다면? 베이킹에 쓰기 위해 달콤한 슬로가 필요하다면 설탕을 처음부터 넣어도 좋다.

맛있는 슬로 진

헤플 슬로 앤 호손 진(194쪽)은 호손 나무(산사나무)의 열매를 첨가한다는 점이 독특하다. 산사나무 열매가 헤플 진의 특징인 짙은 주니퍼 소나무 향 사이로 깊은 과일 향과 드라이한 뒷맛의 균형을 잡는 역할을 한다. 내가 권하는 최고의 팁은 기네스 맥주에 한 잔을 부어서 마셔보라는 것이다.

헤이먼스 슬로 진(193쪽)은 바탕에 깔린 맛있는 아몬드 풍미와 아주 드라이한 끝맛이 감도는 새콤한 자두 풍미가 특징이다. 아페롤과 섞으면 잘 어울리고 블러드 오렌지 소다로 희석해 겨울철에 마시기에도 좋다.

조금 색다른 것을 원한다면 알코올 도수가 약간 높고 새콤한 베리 맛 슬로 향 아래로 느껴지는 으깬 흑후추 풍미가 거의 멘톨 정도로 맵싸하게 느껴지는 **엘리펀트 슬로 진**을 추천한다. 여과하지 않아서 다른 진보다 빛깔이 흐릿한 편이다.

깨끗한 면포로 걸러낸다.

4

당 투입 여부
숙성시킨 후에 맛을 보고 설탕이나 시럽, 꿀 등으로 당도를 조절한다.

5

여과 후 마시기
깨끗한 면포에 걸러 소독한 병에 담아두고 마신다.

풍미 화합물

주니퍼와 감귤류, 그리고 라벤더와 감초의 공통점은 무엇일까? 풍미를 구성하는 성분을 살펴보면 진의 식물 성분 사이의 연관성을 발견할 수 있다. 주로 모노테르페노이드인 이러한 향기 화합물은 증류사가 사용하는 껍질과 씨앗, 허브류가 서로 화합해 우리가 사랑하는 풍미를 만들어내는 주요 원천이다.

향기 화합물

다음은 유기 화학자의 연구 덕분에 우리가 알게 된 수천 가지 휘발성 화합물 중 일부에 불과하다.

소나무와 나무 향

주니퍼에는 많은 허브와 향신료, 일부 감귤류에서도 발견되는 모노 테르페노이드인 **피넨**이 함유되어 있다. 피넨에서는 소나무와 수지 향, 그리고 테레빈유나 용제, 액체 연료와 같은 '테르피' 향이 난다. 안 젤리카에는 피넨과 더불어 **카렌** 및 기타 화합물이 함유되어 있어 달콤 하고 머스키한 나무 향이 난다. 나무 향은 주니퍼와 마리골드, 아보 카도에서도 찾아볼 수 있는 **카디넨**에서도 느낄 수 있다. 감귤류의 껍질(특히 비터 오렌지)과 흑후추, 주니퍼에서 흔하게 발견되는 **미르센**은 나무와 수지 풍미가 난다. 이 껍질에는 테르피와 장뇌 향을 가미하는 **멘타트리엔**도 함유되어 있다. 라임 껍질에서는 나무와 테르피 향이 나며, 생강과 기타 향신료에도 함유되어 있는 **테르피놀렌** 덕분에 감귤류 향도 난다.

감귤류 향

여기서 들어봤을 법한 화합물이 있다면 **리모넨**일 것이다. 이름과 달리 특별히 레몬 향이 나지는 않는다. 하지만 감귤류 과일에서 가장 흔하게 발견되는 화합물이며 풍미 바탕에 신선한 감귤류와 허브, 테르피 향을 선사한다. 주니퍼에도 리모넨이 함유되어 있다. 대부분의 사람들이 레몬이라고 생각하는 향은 사실 레몬그라스나 감귤류 껍질, 레몬 버베나, 유칼립투스, 생강에서도 찾아볼 수 있는 **게라니알**과 **네랄**에서 비롯된 것이다. 리치나 시트로넬라, 마크루트 라임, 감귤류 껍질에서 찾아볼 수 있는 **시트로넬랄**은 감귤류 향뿐만 아니라 꽃과 장미 향도 가미한다.

꽃 향

리날로올에서는 꽃과 달콤한 감귤류, 라벤더의 나무 향이 난다. 리날로올은 민트와 감귤류, 월계수, 시나몬, 자작나무, 코리앤더 씨, 감초, 라벤더, 바질, 쑥, 홉, 대마 등 200여 종의 식물에 존재한다. **아세트산 게라닐**(과일과 꽃, 장미 향)은 감귤류와 오렌지 꽃, 레몬그라스, 시트로넬라, 제라늄, 유칼립투스에서 찾아볼 수 있다. 장미와 제라늄뿐만 아니라 레몬, 시트로넬라, 감귤류에서 찾아볼 수 있는 **게라니올**과 **네롤**에서는 달콤한 향, 꽃과 장미 향, 감귤류가 감지된다. 장미 향은 **로즈 옥사이드**에서도 느낄 수 있다. 오리스 뿌리에는 따뜻하고 달콤한 향과 바이올렛 향으로 표현되는 나무와 꽃 향을 지닌 **아이론**이 함유되어 있다. 메도스위트는 아니스와 팔각, 바질 꽃에도 들어 있는 **아니스알데히드** 등의 영향으로 달콤한 바닐라 같은 맛이 난다.

허브 향

민트 향과 시원한 풍미는 대부분 우리가 잘 알고 있는 **멘톨**이 원천이다. 민트와 일부 제라늄에서 발견되는 **멘톤**이라는 화합물도 있다. **민트 카르본**(민트와 라벤더, 감귤류에서 발견되는 스피어민트 향)과 **캐러웨이 카르본**(야생 민트와 라벤더에서 찾아볼 수 있는 캐러웨이와 딜 향)이라는 두 휘발성 화합물은 서로 밀접하게 연관되어 있다. **아네톨**은 아니스씨와 팔각, 감초, 펜넬 향을 맡는다. 아니스와 채소 향, 허브 향이 나는 **에스트라골**은 타라곤과 바질, 감초, 펜넬에 함유되어 있다.

따뜻한 향신료 향

장뇌(약 향과 나무 향, 따뜻하거나 차가운 느낌)는 시나몬과 라벤더, 여러 감귤류, 허브, 향신료에서 찾아볼 수 있다. 마찬가지로 나무 향이 나고 따뜻한 느낌의 **보르네올**은 소나무와 사이프러스 나무, 생강, 라벤더, 감귤류 껍질, 향신료에 함유되어 있다. 감귤류와 로즈메리, 라벤더는 민트와 소나무, 따뜻한 풍미가 느껴지는 **시네올**도 함유하고 있다. **바닐린**(바닐라에서 뽑은 향료)은 오크와 감초, 체리에도 들어 있다. 시나몬과 바질, 바나나에서도 느낄 수 있는 정향의 따뜻한 풍미는 **유제놀**에서 비롯된 것이다. 감초의 복합적인 향은 '녹색 채소'와 타임, 꽃, 콩, 아니스, 정향, 달콤한 호로파, 캐러멜, 버터, 훈제, 바닐라 향 등을 모두 포함한다. 아직 언급하지 않은 풍미 화합물로 **노나디엔알**과 **카르바크롤**, **티몰**, **소톨론**, **디아세틸**, **구아야콜** 등이 있다.

과일 향

라즈베리와 로건베리에서 느낄 수 있는 달콤한 베리 향(꽃 향이 가미된)은 **히드록시페닐 뷰타논**이라는 휘발성 물질에서 비롯된 것이다. 훨씬 기억하기 쉬운 이름으로 **라즈베리 케톤**이라고 불리기도 한다. **퓨라네올**은 딸기 향의 중요한 부분을 담당한다. 과일 향과 더불어 가끔 캐러멜 향도 느껴지는데 파인애플과 라즈베리, 망고, 일부 포도, 감초, 심지어 토마토에서도 발견된다.

짭조름한 향

진 증류업체는 진에 언제나 다양한 풍미를 사용한다. 최근 수년간은 많은 이가 감칠맛 또는 바다 풍미를 찾아 헤맸다. 덜스나 카라긴 같은 해조류는 탄소 원자가 6개 혹은 7~9개로 6개짜리와 비슷한 형태를 띠는 알데히드인 **브로모포름**과 **헥산알** 덕분에 달콤하고 신선한 요오드 풍미를 선사한다. 이 알데히드는 올리브에서도 발견되는데, 밀접하게 연관되기는 하지만 미묘하게 다른 점이 있는 **헥센알**과 함께 들어 있다.

주요 식물 재료

모든 진의 핵심은 씨앗과 잎, 껍질, 뿌리, 나무껍질 등의 조합으로 풍미 프로필을 구성하는 것이다. 모든 진 제조업체는 자체 진에 독특한 매력을 부여하려고 노력하지만 그럼에도 다른 진과 어느 정도는 비슷한 맛이 나야 진 가족으로 인정받을 수 있다. '3대 재료' 식물로는 주니퍼베리와 코리앤더 씨, 안젤리카를 꼽는다.

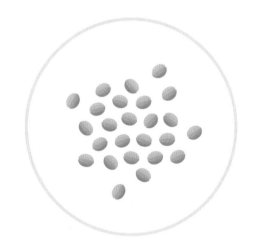

주니퍼베리

주니페루스 코뮤니스, 측백나뭇과(향나무속)

주니퍼는 필수 불가결한 식물이다. 주니퍼를 넣지 않은 스피릿은 진이라고 할 수 없다. 특히 일반 주니퍼는 (적어도 전 세계 대부분의 지역에서는) 진에 사용되는 식물 중 가장 많이 쓰이는 재료다. 요즘에는 주니퍼 자체의 풍미를 잘 아는 사람이 거의 없다. 청보라색 열매(실제로는 작은 원뿔 모양 구과)에 알파-피넨이 풍부해 소나무, 로즈메리, 테레빈유 풍미를 선사한다. 또한 야생 타임과 홉, 심지어 대마에도 함유되어 있는 미르센과 리모넨(감귤류와 일부 허브를 떠올려 보자)도 들어 있다.

코리앤더 씨

코리안드룸 사티붐, 미나릿과(고수속)

진에서 주니퍼 다음으로 중요한 식물은 아마 코리앤더일 것이다. 말린 코리앤더 씨에서는 늦여름 햇볕에 따뜻해진 건초 헛간 느낌의 먼지와 곰팡내가 난다. 하지만 씨앗을 으깨면 화사한 채소와 감귤류, 향신료 풍미가 즉각 터져 나온다. 씨앗 속의 에센셜 오일에는 티몰과 게라닐, 리날로올이 풍부하게 함유되어 있다. 이들 화합물은 순서대로 타임의 나무 향, 진한 제라늄 향, 화사한 꽃 감귤류 향을 선사한다. 코리앤더는 진에 보디감과 강렬한 풍미를 더한다.

기타 일반적으로 사용되는 식물

주니퍼, 코리앤더, 안젤리카의 '3대 재료' 외에도 일반적으로 사용되는 식물 재료가 있다. 대부분의 진에는 여러 식물이 함께 들어가는데 특히 육계나무와 감귤류, 오리스가 많이 쓰인다.

안젤리카

안젤리카 아르칸젤리카, 미나릿과(안젤리카속)

진의 '3대 재료' 중 세 번째인 안젤리카는 향이 비슷해서 주니퍼와 혼동하는 경우도 많지만 좀 더 머스크하고 나무 향이 강하다. 뿌리에 함유된 주요 향미 성분은 알파-피넨(주니퍼와 같다)과 베타-피넨이다. 씨앗 오일은 민트와 유칼립투스 향이 돌며 달콤한 향이 더 강하다. 증류한 후에는 안젤리카 뿌리에서 흙 향과 나무, 허브 풍미가 느껴진다. 증류사는 안젤리카가 진의 다른 풍미, 특히 가볍고 휘발성이 강한 풍미를 '고정시킨다'고 말하기도 하지만 이에 대한 과학적인 증거는 없다. 비피터 등 일부 진에서는 안젤리카 씨앗을 안젤리카 뿌리와 함께 사용한다.

아몬드

프루누스 둘시스, 장미과(벚나무속)

아몬드는 살구 및 복숭아와 밀접하게 연관되어 있다. 주로 캘리포니아에서 재배되며 면적은 작지만 스페인과 이탈리아에서도 재배한다. 아몬드의 맛은 아마 꿀을 가미한 견과류라고 하면 가장 비슷하겠지만 엄밀히 말하자면 아몬드는 견과류가 아니라 씨앗이 들어 있는 핵을 과육 부분이 둘러싸고 있는 형태의 과일인 핵과에 속한다. 우리가 먹는 부분은 아몬드의 씨앗이다. 진에서 아몬드는 질감에 살짝 건조한 느낌을 주는 역할을 한다.

카다멈

엘레타리아 카르다모뭄, 생강과(소두구속)

카다멈은 스리랑카와 과테말라 같은 열대 지역에서 재배되지만 최상급 카다멈은 인도산이다. 종이처럼 얇은 씨앗 꼬투리에는 향이 별로 없지만 그 안에 들어 있는 씨앗에서는 짙은 꽃과 생강, 향신료 풍미를 느낄 수 있다. 카다멈은 다른 식물을 쉽게 압도할 수 있으므로 증류사라면 적당히 조절해서 사용해야 한다. 카다멈에는 라벤더와 감귤류에서도 발견되는 풍미 화합물인 리날로올과 아세트산 리날릴이 함유되어 있다. 아모뭄 수불라툼이라는 다른 식물에서 나는 블랙 카다멈은 흔히 직화로 건조시켜 훈제 향이 배게 한다.

육계나무 껍질

시나모뭄 카시아, 녹나뭇과(녹나무속)

영국에서는 육계나무를 '진짜' 시나몬(시나모뭄)과 구분하기 위해 중국 시나몬이라고 부르기도 한다. 육계나무를 일반 시나몬으로 판매하는 미국에서는 이러한 구분을 하지 않는다. 재배된 육계나무는 주로 인도네시아와 스리랑카에서 생산되며 진에 넣으면 기본 풍미에 복합적인 풍미를 더한다. 신남알데히드와 쿠마린 화합물이 함유된 에센셜 오일 덕분에 달콤한 나무 향과 따뜻한 향신료 풍미가 느껴진다.

에센셜 오일 덕분에
육계나무에서는 달콤한 나무 향과
따뜻한 향신료 풍미가 느껴진다.

감귤류

운향과(루타과)에 속하는 다양한 품종

증류사가 좋아하는 감귤류 껍질과 잎이 가진 공통점은 무엇일까? 바로 리모넨이다. 리모넨은 다양한 종류의 식물의 향과 풍미, 색을 책임지는 강렬한 방향성 테르펜 화합물에 속한다. 여러 식물이 동물로 하여금 자신을 먹이로 삼지 않게 하기 위해 사용하는 화합물이다. 하지만 식물에게는 불행하게도, 이 테르펜은 맛이 좋다. 화사하고 톡 쏘면서 상큼하고 신선한 데다 은은하게 단맛이 돌면서 가끔 살짝 쓴맛이 느껴진다. 진의 많은 식물 재료에도 리모넨이 함유되어 있기 때문에 감귤류 과일은 전체적인 풍미와 자연스럽게 조화를 이루면서 잘 녹아든다.

쿠베브

파이퍼 쿠베바, 후춧과(후추속)

쿠베브는 인도네시아에서 자라는 덩굴식물의 열매로 자바 후추라고도 불린다. 가까운 친척인 흑후추(파이퍼 니그룸)와 겉모양이 비슷하지만 보통 줄기에 붙어 있는 상태로 판매하기 때문에 구분하기 쉽다. 쿠베브의 에센셜 오일에는 매운 후추 맛을 내는 피페린 성분이 함유되어 있지만 많은 감귤류와 허브에 흔히 들어 있는 리모넨도 다량으로 들어 있다. 또한 쿠베브는 진에서 특히 뒷맛으로 민트 향을 선사하는 역할을 한다.

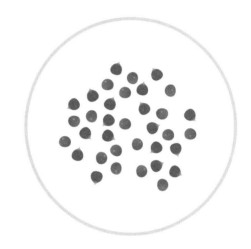

엘더플라워

삼부쿠스 니그라, 연복초과(딱총나무속)

유럽 대부분(특히 북유럽 국가)이 원산지다. 영국에서는 엘더플라워에서 추출한 향료를 흔히 볼 수 있으며 온갖 종류의 음식과 음료에 사용되지만 무엇보다도 무알코올 코디얼에 제일 흔하게 쓴다. 미국에서는 생제르맹 리큐어를 제외하고는 그리 알려지지 않은 편이다. 딱총나무의 꽃과 열매인 엘더플라워와 엘더베리는 모두 증류에 사용된다. 엘더플라워에는 리날로올과 로즈 옥사이드, 약간의 나프탈렌 화합물이 함유되어 있다. 거품처럼 피어나는 흰색 꽃이 달콤한 꽃향기가 나는 꿀과 함께 배 또는 녹색 과육 멜론의 매혹적인 뒷맛을 선사한다. 검보라색 열매는 잼과 같은 질감으로 상당히 시큼한 편이다.

그래인 오브 파라다이스

아프라모뭄 멜레게타, 생강과(아프리카두구속)

그래인 오브 파라다이스는 서아프리카의 해안 늪지대가 원산지이며, 같은 이유로 기니 그래인 또는 기니 후추라고 불린다. 씨앗이 든 꼬투리가 후추 열매와 비슷하게 생겼으며 흑후추를 사용하는 모든 음식과 음료에 대용품으로 쓸 수 있다. 후추의 친척인 카다멈을 연상시키는 후추다운 매운맛에 좀 더 진하고 향신료 풍미가 강하다. 그래인 오브 파라다이스에는 진저롤과 파라돌, 쇼가올이라는 화합물이 함유되어 있다. 그래인 오브 파라다이스는 증류를 거치면 민트와 후추 맛으로 진의 풍미 프로필에 깊이를 더하면서 여운을 오래 지속시키는 역할을 한다.

딱총나무의 꽃과 열매인
엘더플라워와 엘더베리는
모두 증류에 사용된다.

감초 뿌리

글리시리자 글라브라, 콩과(감초속)

그렇다, 감초는 콩이다. 누가 알았을까? 하지만 우리가 관심을 갖는 것은 아네톨이 풍부하게 함유된 뿌리다. 아네톨은 진(그리고 기타 여러 스피릿)에 아니스와 아주 잘 어울리는 따뜻하고 달콤한 향기를 선사하는 화합물이다. 또한 감초에는 설탕보다 30~50배 달콤한 화합물인 글리시리진이 다량 함유되어 있다. 이것이 올드 톰 진(74~75쪽)에 감초가 많이 쓰이는 이유이기도 하다. 증류사는 주로 건조해서 빻은 형태의 감초 뿌리를 사용해 진에 풍미뿐만 아니라 부드러운 질감을 선사한다.

오리스 뿌리

아이리스 플로렌티나, 붓꽃과(아이리스속)

오리스 뿌리는 고정시키는 성질을 가지고 있다고 알려져 있으며, 진에 넣는 것은 아마 향수 세계에서 비롯된 습관일 것이다. 진에 들어가는 다른 식물 성분의 휘발성을 감소시켜 진의 맛이 더 오래 유지되도록 돕는다. 뿌리 자체에서 바이올렛 제비꽃(특히 파르마 제비꽃 과자) 향이 나기는 하지만 그 향 때문에 쓰이는 경우는 많지 않다. 진에 들어가는 오리스 뿌리는 프랑스 남부와 이탈리아 북부, 모로코에서 자란 것을 많이 쓴다. 뿌리를 수확할 수 있을 정도로 크게 키우는 데 최대 5년이 걸리고, 건조시키는 데는 5년이 더 걸린다.

그 외의 식물 재료

진이 이토록 복잡한 술인 이유는 증류기에 넣을 수 있는 재료의 숫자가 너무 많기 때문이다. 여기에 나열된 잎과 씨앗 등등은 모두 적어도 한 가지 이상의 진에는 들어가 있는 재료지만 그럼에도 진에 사용된 적이 있는 식물의 전체 목록과는 한참 차이가 난다. 냄새를 맡을 수 있는 재료라면 무엇이든 증류할 수 있으며, 아마 여러분이 그걸 처음 증류해보는 사람도 아닐 것이다.

식물	달콤함	견과류	흙	따뜻함	아니스	향신료	시큼함
베리류							
빌베리	◎						◎
구기자							◎
릴리필리베리			◎			◎	◎
페퍼베리	◎					◎	
로완베리							
비타민나무 열매	◎						◎
슬로		◎	◎				◎
꽃							
아카시아	✽						
아르니카							
들장미	✽						✽
헤더						✽	
히비스커스			✽				✽
인동덩굴	✽						
린덴	✽						
메도스위트	✽	✽					
벚꽃	✽						✽
쑥국화				✽		✽	

감귤류	과일	꽃	허브	풀	식물	소나무	짭짤함	쌉쌀함	떫음
	◎								
	◎								
	◎								
	◎								
	◎							◎	◎
◎	◎								
	◎							◎	
❀		❀			❀				
		❀				❀		❀	
		❀							
	❀	❀	❀						
	❀	❀							
		❀						❀	
❀		❀							
	❀	❀		❀					
	❀	❀							
								❀	

식물	달콤함	견과류	흙	따뜻함	아니스	향신료	시큼함
과일							
아마나츠	●						●
핑거라임							●
금귤	●						●
포멜로	●						●
퀸스	●						●
로즈힙	●						●
잎							
도금양	●		●	●			
검은딸기나무		●					
캐모마일	●						
처빌					●		
중국 녹차	●	●	●				
침엽수 잎							●
레몬 머틀	●					●	
러비지					●		
마운틴 페퍼리프			●	●		●	
라즈베리			●				
적시소					●	●	
파래						●	
소렐							●
유럽다시마	●	●					
조름나물	●					●	
서양톱풀	●				●		

감귤류	과일	꽃	허브	풀	식물	소나무	짭짤함	씁쓸함	떫음
								●	
●			●					●	
●									
●									
	●	●						●	
		●							
			●						
	●							●	●
	●	●							
			●						
		●	●		●				
●						●			
●			●						
			●						
			●						
	●		●					●	
●			●						
			●				●		
●				●					
					●		●		
			●		●			●	●
								●	

식물	달콤함	견과류	흙	따뜻함	아니스	향신료	시큼함
기타							
유황			●	●		●	
편백나무			●				
마카다미아	●	●					
마쉬 삼피어							
몰약	●				●	●	
루바브							●
샌들우드	●	●		●			
껍질							
베르가모트							●
유자껍질							●
뿌리							
우엉	●	●	●	●			
엉겅퀴			●				
민들레		●		●			
홀스래디시						●	
사르사				●			
강황			●			●	
씨앗							
알렉산더						●	
아니스 씨	●		●	●	●	●	
살구 속씨	●	●					
캐러웨이	●	●			●	●	
딜	●	●				●	
펜넬	●			●	●	●	
팔각	●		●	●	●		

그 외의 식물 재료

감귤류	과일	꽃	허브	풀	식물	소나무	짭짤함	씁쓸함	떫음
						○			
○						○			
					○		○		
								○	○
	○								
		○							
◉		◉						◉	
◉	◉		◉					◉	
			◉					◉	
								◉	
					◉				
								◉	
◉								◉	
		⊛			⊛				
								⊛	
⊛								⊛	
			⊛	⊛				⊛	

배럴에 대하여

진 중에는 배럴, 즉 나무통(캐스크)에서 숙성시키는 진이 있다. 이는 식물 원료가 주는 풍미에 독특한 풍미를 더한다. 위스키나 버번을 좋아한다면 배럴 숙성 진에서도 비슷한 맛을 느낄 수 있는데, 모두 배럴에서 풍미를 많이 얻는 증류주이기 때문이다.

배럴 태우기

쿠퍼(배럴 제조업자)는 증류업체가 스피릿을 채우기 전에 나무통 내부의 표면을 그슬리는 경우가 많다. 통을 태우면 배럴 내부에 얇은 숯층이 형성되어 스피릿을 효과적으로 여과하며 유황 화합물을 제거하는 역할을 해 시간이 지날수록 스피릿이 부드러워진다. 또한 스피릿이 목재 내부로 잘 침투하게 만들어 훨씬 맛이 좋아지게 한다.

당분과 향신료

나무통에 담긴 스피릿의 온도는 낮과 밤, 계절이 흐르면서 자연스러운 리듬에 따라 오르락내리락한다. 그와 동시에 스피릿은 마치 통이 숨을 쉬는 것처럼 목재 안팎을 오간다(앞 단락 참조). 스피릿이 목재 내부로 침투하며 천연 당분을 흡수해 달콤한 바닐라 혹은 코코넛 풍미가 밴다. 또한 목재는 정향이나 시나몬, 너트맥 같은 제빵용 향신료의 풍미도 가미한다.

다른 술의 영혼

나무통은 대부분 여러 번 반복해서 사용한다. 덕분에 가끔은 특정 스피릿의 풍미가 그다음으로 나무통에 부은 술에 옮겨가기도 한다. 많은 양조업체에서는 이러한 점을 고려해 셰리나 위스키, 버번을 숙성시켰던 나무통에 맥주를 넣어 그 풍미를 불어넣곤 한다. 진 생산 과정에서는 흔치 않은 일이지만 잘만 활용하면 아주 흥미로운 음료를 만들 수 있다.

시간과 풍미

스피릿을 나무통에서 오래 숙성시킬수록 풍미 특징이 더 많이 변화한다. 앞에서 설명한 숯과 당분, 향신료 등은 숙성 기간이 길어질수록 더욱 뚜렷해진다.

나무통에서 보내는 숙성 기간은 다른 효과도 가져온다. 밀폐되어 있지 않기 때문에 산소는 일부 유입되고, 알코올 증기는 일부 빠져나간다. 이렇게 액체가 서서히 증발하면서 나무통에 남은 부분은 더욱 농축된다. 또한 시간이 흐를수록 풍미가 산화함에 따라 셰리를 연상시키는 향이 나기도 한다.

배럴인가 캐스크인가?

캐스크는 우리가 흔히 배럴이라고 부르는 나무통을 통칭하는 용어다. 엄밀히 말하자면 배럴은 특정 형태와 크기의 캐스크를 뜻하는 말이다.

즉 모든 배럴은 캐스크지만, 모든 캐스크가 배럴인 것은 아니다.

600리터
포트 파이프

500리터
셰리 버트

250리터
버번 혹스헤드

200리터
아메리칸 스탠더드 배럴 (ASB)

배럴 내부에서 일어나는 일

스피릿이 배럴에 채워지면 술의 최종적
인 맛에 영향을 미치는 일련의 과정이
진행된다.

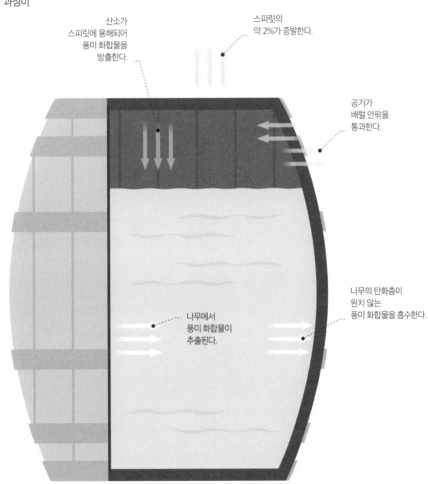

산소가
스피릿에 용해되어
풍미 화합물을
방출한다.

스피릿의
약 2%가 증발한다.

공기가
배럴 안팎을
통과한다.

나무에서
풍미 화합물이
추출된다.

나무의 탄화층이
원치 않는
풍미 화합물을 흡수한다.

스피릿을 나무통에서
오래 숙성시킬수록
풍미 특징이 더 많이 변화한다.

풍미의 작동 원리

잠시 시간을 내어 우리가 풍미를 어떻게 경험하는지 알아볼 필요가 있다. 우리의 감각과 두뇌가 함께 작동하는 방식을 살펴보면 진을 맛볼 때 어떤 일이 일어나는지 더 깊이 이해할 수 있다.

복잡한 메커니즘

맛은 혀와 코, 뇌가 상호 협력해 우리가 방금 입에 넣은 것을 파악하는 과정이다. 시각과 청각, 촉각이 모두 작용하면서 우리의 기분과 기대감, 기억, 주변 환경이 모두 영향을 미친다. 이러한 모든 감각이 결합해 맛에 대한 경험을 조절하므로 모든 사람이 인식한 바가 결국 저마다의 독특한 맛을 이룩해낸다.

맛보기는 결국 후각

우리가 맛이라고 생각하는 것의 대부분은 사실 향기다. 혀는 단맛, 신맛, 짠맛, 쓴맛, 감칠맛 등 몇 가지 기본적인 맛만 감지할 수 있다. 적어도 현재로서는 이것이 우리가 이해하는 전부다.

연구에 따르면 여섯 번째 기본 미각으로 지방을 추가할 수 있다고도 한다(멋지게 표현하자면 올레오거스터스다)(라틴어로 지방의 맛이라는 뜻 - 옮긴이). 코쿠미 혹은 기름진 맛 등으로 표현하기도 하지만 어쨌든 아직 과학자들이 모두 동의하지는 않았다.

이런 기본 맛 외의 모든 것은 우리의 후각에 달려 있다. 후각은 감정이나 기억과 관련된 영역인 편도체와 해마를 포함한 두뇌의 변연계와 연결되어 있다. 덕분에 우리는 강한 감정이나 기억과 관련된 냄새를 훨씬 쉽게 인식하거나 기억할 수 있으며, 맛에 대한 경험이 매우 개인적일 수 있는 이유이기도 하다.

모든 것은 머릿속에

사람들은 대부분 냄새란 주로 치아 앞부분이나 콧구멍 아래 등 머리의 바깥 부분에서만 느껴진다고 생각한다. 하지만 이는 전혀 사실이 아니다. 냄새는 우리의 두뇌와 눈 바로 아래쪽 및 뒤쪽 등 머리 내부에서도 느낄 수 있다. 이들 장소에도 후각 수용체가 있어서 외부에서 들어온 냄새만큼이나 입안에서 느껴지는 냄새도 이곳에서 포착할 수 있다. 냄새가 내부에서 나는 경우에 이를 후비강 시음이라고 한다. 반면 전비강 시음은 주변 환경에서 나는 냄새를 맡는 경우다.

휘발성

후각과 미각은 '화학 수용'을 통해 작동한다는 점에서 다른 감각과 다르다. 즉 후각과 미각은 우리가 냄새를 맡거나 맛을 보는 대상의 미세한 파편이 실제로 우리 신체에 들어와서 신경계와 직접 상호작용하는 것에 의존한다. 예를 들어 과일 냄새를 맡을 때 실제로 일어나는 일은 과일 표면에서 증발하는 휘발성 화합물이 코를 통해 우리 몸으로 들어오는 것이다. 언젠가 정말로 역겨운 냄새를 맡게 된다면 이 점을 떠올려 보자.

독특한 맛의 감각

맛은 복합적인 다중 감각 경험이다. 단순히 잔에 담긴 액체 그 이상의 산물이다. 신체적·정신적인 면이 모두 결합해 우리 각자에게 진정으로 독특한 감각을 생성해낸다.

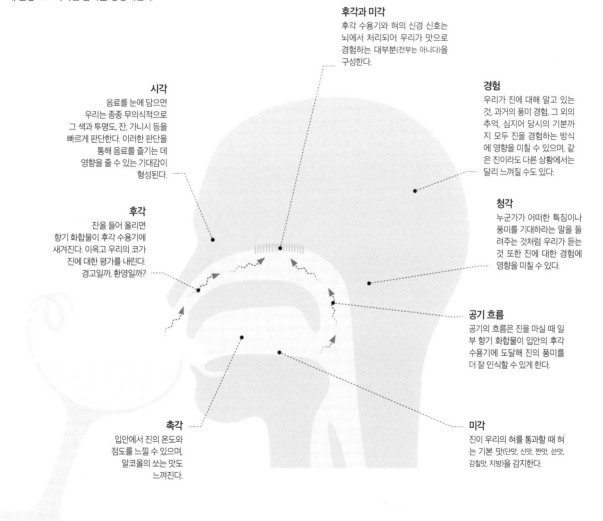

후각과 미각
후각 수용기와 혀의 신경 신호는 뇌에서 처리되어 우리가 맛으로 경험하는 대부분(전부는 아니다)을 구성한다.

경험
우리가 진에 대해 알고 있는 것, 과거의 풍미 경험, 그 외의 추억, 심지어 당시의 기분까지 모두 진을 경험하는 방식에 영향을 미칠 수 있으며, 같은 진이라도 다른 상황에서는 달리 느껴질 수도 있다.

시각
음료를 눈에 담으면 우리는 종종 무의식적으로 그 색과 투명도, 잔, 가니시 등을 빠르게 판단한다. 이러한 판단을 통해 음료를 즐기는 데 영향을 줄 수 있는 기대감이 형성된다.

청각
누군가가 어떠한 특징이나 풍미를 기대하라는 말을 들려주는 것처럼 우리가 듣는 것 또한 진에 대한 경험에 영향을 미칠 수 있다.

후각
잔을 들어 올리면 향기 화합물이 후각 수용기에 새겨진다. 이윽고 우리의 코가 진에 대한 평가를 내린다. 경고일까, 환영일까?

공기 흐름
공기의 흐름은 진을 마실 때 일부 향기 화합물이 입안의 후각 수용기에 도달해 진의 풍미를 더 잘 인식할 수 있게 한다.

촉각
입안에서 진의 온도와 점도를 느낄 수 있으며, 알코올의 쏘는 맛도 느껴진다.

미각
진이 우리의 혀를 통과할 때 혀는 기본 맛(단맛, 신맛, 짠맛, 쓴맛, 감칠맛, 지방)을 감지한다.

풍미에 대한 생각

풍미는 진의 비밀을 푸는 훌륭한 열쇠다. 맛을 제대로 음미할수록 진을 더 잘 이해할
수 있게 된다. 어떤 재료를 섞어야 좋을지, 왜 특정 칵테일에 특정 진이 잘 어울리는지
보다 쉽게 알 수 있게 될 것이다.

향기 도서관 구축하기

뛰어난 진 감식가가 되기 위해 할 수 있는 가장 좋은 방법은 일반적인
풍미에 더욱 익숙해지는 것이다. 폭넓게 맛을 볼수록 진의 맛을 파악하
고 설명할 때 끌어낼 수 있는 경험이 늘어난다. 그보다 중요한 것은 풍
미는 대부분 향이기 때문에 폭넓게 냄새를 맡아보아야 한다는 것이다
(94~95쪽). 단순히 향을 맡아보는 것도 좋은 시작이지만 더욱 확실하게
머릿속에 각인시키고 싶다면 좀 이상해 보이더라도 시도해볼 만한 방
법이 몇 가지 있다. 대부분 냄새를 맡을 때 다른 감각을 동원해 각 향에
대한 기억을 더욱 강력하게 형성할 수 있도록 도움을 주는 방식이다.

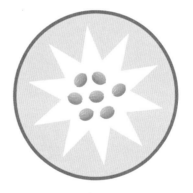

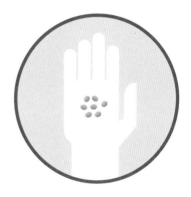

이름 말하기

어떤 향을 맡을 때 그 이름을 여러 번 반
복해서 말한다. 눈을 감고 향과 그 이름
의 울림, 마음속에 떠오르는 기억에 최대
한 집중한다. 이런 식으로 뇌에 서로 연
결된 다중 감각 경로를 구축해두면 다음
에 이 향을 접할 때 알아차리게 될 확률
이 높아진다.

느낌 잡기

어떤 향을 맡을 때 감정 상태를 고조시켜
두뇌의 후각과 감정 사이에 강력한 연관
성을 만들어 이를 활용할 수도 있다. 더
간단한 방법은 강한 감정적 요소가 존재
하는 기억과 향기를 연관시키는 것이다.
특정 장소와 사람에 대한 기억과 향을 연
결할 수 있는지 생각해보자.

테이스팅 목표 설정

사실상 진의 풍미는 대부분 우리가 쉽게
찾을 수 있는 재료에서 비롯된 것이다.
이들 향을 진에서 더 잘 인식하고 싶다면
코리앤더 씨와 감초, 안젤리카 등을 직접
구해보자. 만져보고 맛보면서 나에게 잘
맞는 맥락에 따라 이들을 인식하는 법을
익혀보자. 진의 풍미에 대한 나만의 기억
은행을 구축하는 것이다.

맛의 균형 잡기

우리가 혀로 느낄 수 있는 기본 맛은 독립적으로 존재하지 않고 함께 소용돌이치며 입안을 휘젓고 돌아다닌다. 다른 맛은 서로를 강화시킬 수 있다. 단맛과 짠맛은 친구라서 서로에 대한 인식률을 높여준다. 신맛은 감칠맛과 짠맛을 강화한다. 피시앤칩스에 레몬을 뿌리거나 타코에 라임을 뿌리는 것을 생각해보자. 기본 맛 중 하나가 너무 우세할 경우에는 다른 맛을 이용해 균형을 맞출 수 있다.

- 단맛은 신맛 또는 쓴맛(그리고 매운맛)의 균형을 잡는다.
- 신맛은 단맛 또는 쓴맛(그리고 매운맛)의 균형을 잡는다.
- 쓴맛은 단맛 또는 짠맛의 균형을 잡는다.
- 짠맛은 쓴맛의 균형을 잡는다.
- 매운맛은 단맛의 균형을 잡는다.

음료에서 알코올의 존재는 기본 맛의 하나로 생각할 수 있다. 칵테일을 처음 한 모금 마시고 '와, 정말 독하다!'고 생각한 기억을 떠올려 보자. 좋은 소식은 여기에 단맛이나 쓴맛을 첨가하면 균형을 잡을 수 있다는 것이다(희석하는 것도 도움이 된다).

진의 풍미

증류를 통해 진이 되는 휘발성 풍미 화합물에는 여러 종류가 있다. 이들은 모두 에탄올과 물에 각기 다른 정도로 용해된다. 다시 말해 진의 도수가 강할수록 더 많이 잡을 수 있는 향이 있고 더 많이 방출되는 향이 있다는 것이다. 물(또는 기타 액체)을 첨가하면 균형이 바뀌면서 서로 다른 휘발성 화합물의 조합이 방출되어 진의 풍미가 달라진다.

단맛은 맛뿐만 아니라 진의 질감에도 영향을 미쳐 훨씬 끈적하고 진한 결과물을 만든다. 당의 존재를 감지할 수 있는지 실험해보자. 전혀 느껴지지 않는다면 그 진은 드라이라고 부른다. 약간 느껴지면 오프-드라이 또는 미디엄이 된다. 확연히 단맛이 나면 스위트라고 한다.

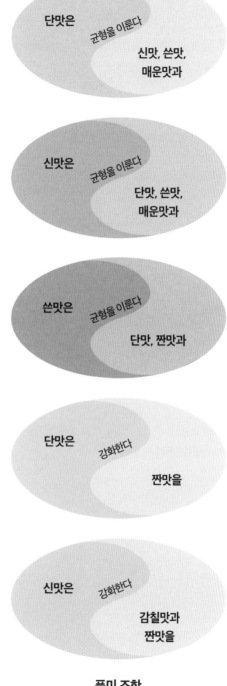

단맛은 균형을 이룬다 **신맛, 쓴맛, 매운맛과**

신맛은 균형을 이룬다 **단맛, 쓴맛, 매운맛과**

쓴맛은 균형을 이룬다 **단맛, 짠맛과**

단맛은 강화한다 **짠맛을**

신맛은 강화한다 **감칠맛과 짠맛을**

풍미 조합

다른 풍미를 상쇄시키는 특정 풍미가 있는가 하면,
다른 풍미를 강화하는 풍미도 있다.

진 테이스팅을 위한 준비

친구와 함께 혹은 텔레비전 앞에서 진토닉을 즐기며 휴식을 취하는 것은 즐거운 일이지만 여기서는 그런 경험을 논하지 않는다. 진의 품질을 평가하고 싶거나 더 나은 감식가가 되고 싶거나 이 둘을 모두 달성하고 싶다면, 진을 제대로 맛보는 것이 목표라면, 다른 방식으로 접근해야 한다.

방해 요소 없애기

이어지는 페이지에서는 전문가가 사용하는 방법을 바탕으로 진을 체계적으로 테이스팅하는 방법을 설명한다. 기억에 남을 수 있는 통찰력 있는 테이스팅 노트를 작성하는 방법도 알아볼 것이다(102~103쪽). 하지만 이 모든 내용을 살펴보기 전에 먼저 필요한 모든 것을 갖추고 있는지 점검해보자.

진과 진에 대한 스스로의 반응에 제대로 집중해야 하므로 주변을 정리해야 한다. 5분마다 방해를 받거나 소음으로 인해 집중이 흐트러지면 안 된다. 무엇보다 테이스팅에 직접적으로 방해가 되는 강한 냄새가 최악이다. 짧은 시간이라도 좋으니 온전히 진에 집중할 수 있는 시간과 장소를 선택하자.

현실적인 문제

모든 준비가 끝나고 나면 진을 얼마나 사용할 것인지, 희석할 것인지 그냥 마실 것인지 등 현실적인 부분에 대해 생각해야 한다.

얼마나 필요한가?

한 잔 분량을 지키자. 필요하면 얼마든지 더

미리 모두 준비해두기

필요한 물건을 찾기 위해 계속 자리에서 벗어나야 한다면 집중할 수 없다. 시작하기 전에 모든 물건을 준비해두자. 당연히 진이 필요할 것이다. 그 부분이 새삼 놀랍다면 지금 당장 포기하고 다른 취미를 찾아보자. 그리고 다음에 소개하는 아이템을 모으는 것도 생각해보자.

테이스팅 글라스

내부가 점점 좁아지는
잔을 사용하면
향을 모으는 데 도움이 된다.

희석용 물 또는 토닉

토닉을 사용할 경우에는
진의 풍미를 가릴 수 있는
강한 향이나 인공 감미료가
들어 있는 것은 피한다(112쪽).

부을 수 있지만 보통 한두 모금이면 충분하다.

적당한 온도는?

실온이면 충분하다. 진이 너무 차가우면 풍미가 제대로 느껴지지 않는다.

깔끔하게 혹은 희석해서?

처음에는 되도록 깔끔하게 있는 그대로의 진으로 시작한다. 진을 희석하면 맛과 향이 어떻게 변하는지 확인하기 위해 물이나 토닉을 준비해두면 도움이 되지만 일단 처음에는 그대로 마시고 그다음부터 첨가하도록 한다.

뱉어야 할까?

진을 한두 잔만 테이스팅할 경우라면 뱉을 필요가 없다. 하지만 다른 일을 해야 하거나 여러 개의 진을 동시에 테이스팅해야 한다면 뱉는 것이 좋다. 알코올 흡수를 최소화하고 취하는 것을 방지할 수 있기 때문이다. 장시간 집중력을 유지해야 한다면 반드시 뱉도록 하자.

어떤 잔을 사용할까?

깨끗한 잔이라면 무엇이든 좋다. 전문가는 200ml들이 국제 표준화 기구 글라스를 사용한다. 와인잔처럼 내부가 갈수록 좁아지는 잔을 사용하면 향이 글라스 윗부분에 집중되어 작업이 좀 더 쉬워진다(104~105쪽).

타구

알코올 섭취를 최소화하고 싶다면
진을 뱉어낼 용도로 사용할 수 있는
간편한 그릇을 준비하자.

미각 환기용 음식

여러 종류의 진을 테이스팅할 경우에는
미각 환기용 음식이 도움이 된다.
일반적인 크래커가 제일 적당하다.

**메모장, 스마트폰
또는 노트북**

노트에 펜으로 메모하거나
스마트폰이나 노트북을 사용하자.

진 테이스팅에 대한 체계적인 접근법

꾸준히 테이스팅하는 것만이 진(다른 음료 역시)을 잘 이해하는 가장 빠른 길이다. 다음은 전문가가 사용하는 방법을 기반으로 작성한 것이다. 진을 맛볼 때마다 눈앞에 있는 진의 모든 면을 평가하기 위한 체크리스트다.

외관

첫 번째 단계는 항상 진의 투명도와 색상을 확인하는 것이다. 대부분 투명하고 무색일 텐데, 그렇다면 다음 단계로 넘어간다. 가끔 진이 은빛에 가까운 광택을 띠고 글라스에 담으면 보다 밝게 보이는 경우가 있다. 이는 진이 냉각 여과되었다는 뜻으로 보다 안정적이면서 루칭 현상(62~63쪽)이 덜 일어나게 되지만 동시에 일부 풍미와 질감이 사라지기도 한다.

진에 색이 있을 경우에는 이를 통해 맛을 예측할 수도 있다. 분홍색 진은 과일 향이 나는 경우가 많고, 주황색 진은 감귤류 향이 강할 수 있다. 진이 만들어진 과정을 알려주는 색도 있는데, 배럴 숙성(92~93쪽) 또는 콜드 콤파운딩(70~71쪽)이 여기 해당한다. 이러한 단서를 통해 진의 맛과 향을 평가할 수 있다.

후각

향의 강도를 측정하려면 먼저 잔을 가슴에 대고 향을 맡아보자. 여기서 스피릿의 향을 맡을 수 있다면 향이 강렬하다는 뜻이다. 그런 다음 잔을 턱에 닿도록 올린다. 이때 향이 맡아지기 시작하면 강도가 중간 정도다. 그런 다음 잔을 코에 댄다. 여기서 향이 나기 시작하면 약한 것이다. 아직 아무 향이 나지 않는다면 중성 스피릿이다.

이제 어떤 향이 나는지 알아봐야 한다. 우선 원료의 향을 탐지해야 하는데, 진의 경우에는 식물 재료를 뜻한다. 주니퍼의 향이 반드시 나야 하고, 코리앤더 향이 강하게 느껴지는 경우도 있지만 이는 시작에 불과하다. 천천히 시간을 들여 각각의 향을 구분해보자(진의 식물 재료에 대한 내용은 80~91쪽 참조).

진 자체의 품질에 대한 평가와
이에 대한 개인적인 느낌이
반드시 일치하지는 않는다. 훌륭한 진이라 해도
자신의 취향에는 맞지 않을 수 있다.

미각

한 모금 마시고 몇 초간 입안에 머금는다. 진이 살짝 움직이도록 둔다. 미뢰는 혀뿐만 아니라 입안 전체와 뺨 옆면, 입천장, 목구멍에도 존재하기 때문에 이 과정이 매우 중요하다. 어떤 맛이 느껴지는지, 내가 탐지한 향과 어떻게 일치하는지 살펴보자.

입안에서 느껴지는 느낌에도 집중하자. 따갑고 화끈한가, 혹은 부드러운가? 질감은 얇고 가벼운가, 혹은 기름기가 있어서 입안을 코팅하는가? 마지막으로 삼킨 다음(또는 뱉은 다음) 어떤 느낌이 드는지 잠시 음미해보자. 향이 오랫동안 지속되는가? 다른 향으로 변하는가? 이 뒷맛을 진의 피니시라고도 부르는데, 좋은 진은 기분 좋은 복합적인 느낌을 선사한다.

결론

방금 느낀 모든 내용을 종합해 진의 품질을 평가해보자. 지금까지 마셔본 다른 진과 비교했을 때 어떠한가? 모든 점이 균형을 이루고 있는지 혹은 한 가지 측면이 두드러지는지, 그렇다면 그 두드러지는 부분이 좋게 느껴지는지 혹은 나쁘게 받아들여지는지 생각해보자.

진의 품질에 대한 평가와 이에 대한 개인적인 느낌이 반드시 일치하는 것은 아니므로 훌륭한 진이라 해도 여전히 내 입맛에 맞지 않을 수 있다는 점을 깨달을 수 있는 좋은 기회가 되기도 한다. 테이스팅 노트(102~103쪽)를 작성한다면 지금이 바로 감정적인 인상을 기록할 순간이다(이것이 좋은 아이디어인 이유는 96쪽 참조). 각 진마다 점수나 등급을 매겨보는 것도 좋다. 나를 포함한 일부 전문가는 '불량, 나쁨, 보통, 좋음, 아주 좋음, 뛰어남'으로 이어지는 척도를 활용한다.

테이스팅 노트 작성하기

우리는 매일 맛을 느끼지만 그럼에도 다른 사람과 비교하면 나는 맛을 잘 볼 줄 모른다고 말하는 사람이 많다. 어떤 사람은 몇 모금만 마시고도 음료의 맛에 대해 평을 할 수 있는 반면, 우리는 '마음에 들어'라고 말하는 것이 최선인 이유는 무엇일까?

코를 신뢰하자

사람마다 맛을 느끼는 방식은 조금씩 다르다. 다른 사람에게 조언을 구하는 것도 좋지만 궁극적으로는 자신의 경험을 신뢰하는 법을 익혀야 한다.

비결은 무엇일까?

말 많은 사람들이 반드시 맛을 더 잘 보는 것은 아니다. 그저 그들은 자신이 경험한 맛을 말로 표현하는 연습을 많이 했을 뿐이다. 이런 연습을 많이 할수록 냄새를 맡을 때 코 안에서, 그리고 맛을 느낄 때 입안에서 무슨 일이 일어나는지 더욱 잘 파악할 수 있다.

테이스팅 노트 작성의 중요성

맛을 글로 표현하는 것은 하나의 기술이며, 이를 통해 삶을 더욱 풍요롭게 만들 수 있다. 좋은 소식은 특별하게 필요한 장비가 없다는 것이다. 원한다면야 멋진 시향 훈련 키트에 돈을 투자할 수도 있지만, 간단한 노트 하나만 있어도 큰 효과를 얻을 수 있다.

미각을 훈련시킨다고 생각하지 말자. 실제로 훈련시키는 것은 두뇌다. 미각이 남보다 예

민한 사람이 있는 것은 사실이지만 크게 중요하지는 않다. 이는 단지 뇌에 도달하는 신호가 다른 사람보다 강하다는 의미일 뿐이다. 중요한 것은 그 신호를 얼마나 잘 해석하느냐다.

테이스팅을 하면서 노트를 작성하면 맛을 이해하는 데 도움이 된다. 마음속의 감각적 인상을 고정시킬 수 있기 때문이다. 특히 손으로 직접 노트를 작성하면 기억력이 향상된다는 연구 결과도 있다. 속도를 늦추고 풍미에 제대로 집중할 수 있도록 도와주기도 한다.

기억에 남는 테이스팅 노트 작성법

기억에 남는 테이스팅 노트를 작성하려면 술에 집중하고 발견한 것을 적기만 하면 된다. 처음에는 대단치 않은 내용만 쓰게 된다 하더라도 괜찮다. 더 나아지고 싶다면 연습하면 된다. 중요한 것은 반복이다. 맛에 대해 이야기할 수 있는 모든 방법을 생각해보자. '마음에

든다', '마음에 들지 않는다'와 같은 기본적인 반응부터 시작한다. 그다음으로 주니퍼와 코리앤더, 시트러스처럼 개별적인 맛과 은은한, 대담한, 압도적인 등의 수식어가 등장한다. '이 진은 진하고 크리미하다'는 비유적인 표현을 사용할 수도 있다. '마치 잔에 비 오는 일요일이 담긴 듯하다'와 같이 시적인 표현을 사용할 수도 있다. 예컨대 타거나 따가운 느낌을 주지 않는다는 뜻으로 '알코올이 잘 융합되어 있다'고 기술적인 언어를 사용할 수도 있고, 단맛이나 쓴맛처럼 기본적인 맛에 초점을 맞출 수도 있다.

식별 가능한 개별적인 풍미를 찾아내는 것도 좋지만, 그 이상을 알아내기 위해 노력해보자. 해당 술에 대해 어떤 느낌이 드는지 인식하는 시간을 가져보자. 감정적인 면은 경험에 풍요로움을 더한다. 우리 뇌의 구조상, 향은 감정과 밀접하게 연결되어 있다. 이를 노트에 기록해두면 나중에 향을 기억하는 데 도움이 된다(96쪽).

체계적인 테이스팅 접근법(100~101쪽)을 활용하는 것과 노트 작성은 더 나은 감식가가 되기 위한 가장 강력한 도구가 되어준다.

테이스팅을 하면서
노트를 작성하면
맛을 이해하는 데 도움이 된다.

테이스팅표

다음 테이스팅표를 가이드 삼아 진 풍미의 다양한 측면에 집중해 테이스팅 노트를 구체적으로 작성해보자. 그런 다음 이 노트를 기반으로 진의 등급을 매겨보자.

진 이름 ....

☐ 니트　　　　☐ 토닉 ....

외관	등급
	☆ ☆ ☆ ☆ ☆

후각	미각

향

중성　　라이트　　미디엄　　스트롱

풍미 강도

중성　　라이트　　미디엄　　스트롱

주니퍼
과일
짭짤함
향신료
꽃
감칠맛
허브
감귤류

잔은 얼마나 중요할까?

진을 마시기에 가장 좋은 잔은 어떤 것일까? 잔의 모양이 정말 풍미에 영향을 미칠까, 아니면 그저 단순히 무엇이 가장 보기 좋으냐의 문제일까?

잔의 모양과 풍미

세월이 흐르면서 다양한 음료를 위한 여러 종류의 잔이 개발된 데에는 이유가 있다. 잔의 모양과 스타일이 음료를 맛보는 방식에 영향을 미치기 때문이다. 때로는 직접적으로 영향을 미치기도 하고, 때로는 미묘하고 간접적인 메커니즘으로 영향을 미치기도 한다.

직접적인 영향에는 테두리가 향에 미치는 영향과 줄기가 있는 잔이 온도에 미치는 영향을 꼽을 수 있다. 간접적인 영향에는 우리가 어떤 잔이 '적절한지' 판단하는 것(의식적이든 무의식적이든)과 잔의 무게가 주는 영향 등이 포함된다.

개인적인 취향도 영향을 미치지만 이는 닭이 먼저냐 달걀이 먼저냐와 같은 문제다. 내가 진토닉을 마실 때 하이볼 글라스를 선호하는 이유는 이 모양이 정말 진토닉에 더 잘 어울리기 때문일까, 아니면 하이볼 글라스에 담아주는 것을 선호하기 때문에 마실 때 이게 더 잘 어울린다고 생각하게 되는 것일까?

직접적인 효과

잔의 모양은 우리가 맛을 느끼는 방식에 직접적인 영향을 미친다.

- 가장자리가 안쪽으로 기울어진 잔은 향이 위쪽에 집중되게 한다.
- 가장자리가 바깥쪽으로 열려 있는 잔은 음료를 공기 중에 노출시켜 휘발성 향이 빠져나가기 쉽다.
- 길고 가느다란 잔은 탄산이 더 잘 유지된다. 진토닉 애호가가 기억해야 할 부분이다.
- 줄기는 따뜻한 손으로 잔 부분을 잡지 않게 함으로써 음료를 더 오랫동안 차갑게 유지할 수 있다. 차가운 음료는 향을 덜 발산한다.

안으로 모인 입구
입구 가장자리가
안으로 모이는 잔은
향이 잔 윗부분에 집중된다.

간접적인 효과

심리학 연구에 따르면 맛에 간접적으로 영향을 미치는 여러 가지 요인이 밝혀졌다.

- 우리는 '적절하다'고 생각되는 잔에 담긴 음료를 '부적절하다'고 생각되는 잔에 담긴 것보다 더 기분 좋게 마신다.
- 우리는 단맛이 나는 음식과 음료는 둥근 모양, 신맛이나 쓴맛이 나는 것은 각진 모양과 연관시킨다. 음료를 제공하는 방식에 따라 기본적인 맛을 강조하거나 덜 두드러지게 만들 수 있다. 네그로니를 둥근 잔에 내면 보다 부드럽게 느껴지고, 각진 잔에 내면 더 날카롭고 쌉쌀하게 느껴질 수 있다.
- 우리는 무게를 품질과 연관시킨다. 진은 바닥이 묵직한 잔에 마실 때 더 맛있게 느껴진다.

어울리는 잔
샴페인은 불투명한 찻잔보다
플루트 잔에 마실 때
더 맛있다.

잔의 모양은
우리가 진을 맛보는 방식에
직간접적으로 영향을 미친다.

밖으로 벌어진 입구

입구 가장자리가
밖으로 벌어진 잔은
휘발성 향이 잘 빠져나간다.

길고 좁은 잔

잔이 길고 좁으면
탄산이 잘 유지되어
진토닉에 적합하다.

스템 글라스

잔이 아닌 줄기 부분을 잡으면
음료가 더 오래 시원하고
상쾌하게 유지된다.

둥근 모양

우리는 단맛이 나는 음식과 음료를
둥근 모양과 연관시킨다.
달콤쌉쌀한 음료를 둥근 잔에 담으면
한결 부드럽게 느껴진다.

각진 모양

우리는 신맛이나 쓴맛이 나는 음식과
음료를 각진 모양과 연관시킨다.
따라서 달콤쌉쌀한 음료를 각진 잔에 담으면
더 날카롭게 느껴진다.

무게 증가

무게는 품질과 연관시키게 된다.
같은 진이라도 가벼운 플라스틱 잔에
마시는 것보다 바닥이 묵직한 잔에
마시는 것이 더 맛있게 느껴진다.

잔의 종류

텀블러

얼음이 필요한 음료는 텀블러를 고른
다. 텀블러에는 얼음을 담을 수 있는 공
간이 넉넉하다. 낮은 텀블러는 공간이
충분해 휘젓기 좋고, 믹서를 첨가할 때
는 키가 큰 잔을 고르는 것이 둘레가 좁
아져 탄산을 유지하는 데 도움이 된다.
바닥이 묵직해 안정감도 좋다.

글렌캐런

위스키를 위해 만들어졌지만
다른 스피릿을 소량 따르기에도 좋다.
볼이 멋지게 빙빙 돌릴 수 있는 공간을 제공하고
입구는 향을 집중시킨다.

록스, 올드패션드
또는 로우볼

진을 깔끔하게 니트 또는 믹서 없이
온더록스로 마시고 싶을 때 가장 간단하게
진을 서빙하는 방법이다. 진을 이런 방식으로
마시는 사람은 거의 없지만 시도해보지 않을 이유도 없다.

스템 글라스

칵테일 레시피에서 음료를 '서브 업(serve
up)'하라고 지시한다면 이는 스템 글라스
에 낸다는 뜻이다. 스템 글라스의 장점은
얼음 없이 내더라도 차가운 음료에 따뜻
한 손이 직접 닿지 않을 수 있어(제대로, 즉
스템 부분을 잡는다면) 온도를 차갑게 유지
하는 데 도움이 된다는 것이다. 보기에도
멋지다.

닉 앤 노라

칵테일에 우아함을 더하고 싶거나
잔에 얼음을 넣지 않고도 음료를 차갑게
유지하고 싶을 때 제격이다. 음료 자체는
스템 위에 올라가 있으면서도 균형이 잘 유지된다.

쿠프 또는 쿠페트

닉 앤 노라와 비슷하지만
볼이 더 넓어서 양이 넉넉하다. 클로버 클럽처럼
달걀흰자 거품이 들어간 칵테일에 사용하면
아주 근사해 보인다(128쪽).

스템리스 튤립

텀블러의 묵직한 바닥과
와인 또는 맥주잔의 넓은 볼, 좁아지는 입구를
결합한 제품이다. 안정감이 있고
얼음을 담을 수 있는 공간이 충분하며
향을 집중시키는 입구까지 갖춘 다재다능한 잔이다.

하이볼

대부분의 진에는 토닉을 섞는데,
이 잔이 바로 진토닉을 위한 잔이다.
오랫동안 마실 수 있는 길쭉한 잔으로 얼음을
잔뜩 넣을 수 있고 바닥이 묵직해서
균형이 잘 잡히는 덕분에 상쾌한 음료를
확실하게 즐길 수 있다.

콜린스

기본적으로 더 좁고 긴 형태의 하이볼 잔이다.
이미 하이볼 잔이 있는데 굳이 콜린스를
골라야 하는 이유가 궁금하다면, 콜린스가
기본적으로 양이 더 많이 들어가는
편이라는 점을 기억하자.

멋지지만 끔찍한 잔!

마티니

보기에는 멋지지만 실제로 쓰기에는 끔찍하다.
씻기 까다로울 뿐만 아니라 깨지기도 쉽다.
선반 공간도 많이 차지한다.
매우 잘 넘어지고 마시기에도 거북한 잔이다.

코파 또는 발롱

좋아하는 사람도 있지만 이 끔찍한 어항은
내 취향이 아니다. 마티니 글라스처럼
균형 감각이 엉망이다. 그리고 유난히
바텐더들이 가니시를 과하게 얹는 경향이 있다.

얼음의 중요성

얼음 드럼을 두드릴 시간이다. 얼음을! 더! 넣어라! 비 내리는 일요일 오후에 마시는
상온의 진토닉 한 잔은 비극과 같다. 뭐야, 지루한 골프 클럽 저녁 식사라도 되나?
용납할 수 없다! 얼음을 더 많이 넣자!

온도 및 희석

우리 모두 이미 알고 있는 내용이다. 얼음은 음료를 차갑게 만들어 청
량한 느낌을 선사하고 갈증을 해소하며 상쾌하게 만들어준다. 하지만
얼음은 음료를 차갑게 만드는 것 이상의 역할을 한다.

먹고 마시는 것은 우리 삶에서 감각적으로 가장 풍성한 활동이다.
음료에 얼음을 넣으면 미각과 후각, 시각, 청각, 촉각이 함께 작용한다.

또한 얼음은 음료를 희석시켜 부드럽게 만든다. 이상적으로는 알코
올의 따끔거림을 진정시킬 수 있을 정도로만 희석시키고 그 이상은 넣
지 않는 것이 좋다. 너무 많이 희석하면 진이 묽어져 목넘김의 느낌이
나빠진다. 역설적으로 들리겠지만, 사실 얼음을 적게 넣는 것이 아니라
많이 넣어야 음료가 과하게 희석되는 것을 피할 수 있다. 음료가 더 빨
리 차가워지기 때문에 얼음이 천천히 녹아서 더 오랫동안 음료를 시원
하게 즐길 수 있다.

어떤 얼음을 사용해야 할까?

최상의 결과를 얻으려면 신선한 '마른' 얼음, 즉 아직 녹기 시작하지 않
은 얼음을 사용해야 한다. '젖은' 얼음은 음료를 더 빨리 희석시킨다. 얼
음은 3cm 정도의 사각형 또는 잔에 딱 들어가는 적당한 크기여야 한
다. 얼음은 클수록 녹는 속도가 느리다. 투명한 얼음이 더 보기 좋기 때
문에 직접 얼리는 것보다는 시판 얼음을 구입하는 것을 권장한다. '프리
미엄' 얼음도 저렴한 가격에 구입할 수 있다. 두툼한 얼음 세 조각 정도
면 하이볼 글라스에 딱 맞고 보기에도 예쁘다. 구입할 만한 가치가 있
다고 본다.

투명한 얼음

집에서 투명한 얼음을 만들려면 천천히 균일한 방향으로 얼려야 한다. 단열 쿨러에 물을 채우고 얼음이 얼 때까지 뚜껑을 연 상태로 냉동실에 넣어둔다. 그러면 바닥 부분만 흐릿한 상태가 될 것이다. 톱니칼로 잘라서 가르거나 칼 뒷면을 댄 다음 망치로 두들겨서 쪼개면 된다(얼음을 잠시 꺼내둔 뒤에 자르는 것이 더 좋다). 투명한 부분을 음료에 사용하기 적당한 크기와 모양으로 다듬은 다음 필요할 때까지 비닐백에 넣어 냉동실에 보관하자. 아니면 그냥 시판용 얼음을 사용한다.

으깬 얼음과 간 얼음

으깬 얼음은 레드 스내퍼(144쪽)처럼 오랫동안 마시는 음료에 잘 어울린다. 얼음이 너무 크면 바스푼을 이용해 직접 으깰 수 있다. 하지만 그러려면 요령이 필요하고 얼음 조각이 사방에 튈 위험이 있다. 더 좋은 방법은 깨끗한 티타월로 얼음을 감싼 다음 밀대처럼 뭉툭하고 묵직한 것으로 두들기는 것이다.

간 얼음은 만들기 힘들다. 브램블(126쪽)을 만드는 것이 아니라면 신경 쓰지 말자. 꼭 만들어야 한다면 얼음을 비닐백에 넣고 밀대로 두들기거나 푸드 프로세서 혹은 믹서기를 사용한다.

잔 식히기

잔을 식힐 때는 냉동실에 넣는 것이 가장 좋다. 5분에서 10분 정도 식힌 다음 음료를 따를 준비가 되면 바로 꺼낸다. 또는 음료를 만들기 전에 잔에 얼음을 채운다. 잔에 닿는 면적이 넓은 으깬 얼음을 사용하는 것이 가장 효과적이다. 얼음을 사용할 경우에는 물을 조금 섞어 냉각 속도를 높여도 좋다. 음료를 따를 준비가 되면 얼음을 따라낸다.

으깬 얼음 만들기

얼음을 깨끗한 티타월로 감싼 다음 밀대로 내리친다.

얼음

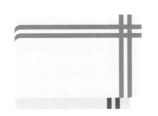

밀대

깨끗한 티타월

음료에
얼음을 넣으면
모든 감각이
살아난다.

진을 마시는 방법

진은 깔끔하게 니트로 마셔도 좋다. 진의 풍미를 제대로 즐기고 싶다면 이보다 더 좋은 방법이 없다. 하지만 대부분의 사람들은 믹서를 추가한다. 그럴 때도 토닉보다 더 많은 선택지가 존재한다.

물

영국의 작가 킹슬리 에이미스는 진을 이런 식으로 즐겨 마셨다. 진에 토닉을 첨가하는 것은 에이미스에게 있어 캐비어에 케첩을 뿌리는 것과 같았다. 그는 토닉이 아닌 진의 맛을 선호했고 레몬 슬라이스(향이 너무 강하다)나 얼음(대신 병을 차갑게 식힌다)을 넣지 말라고 조언하기까지 했다.

진에 물을 넣는다고 해서 향이 크게 달라지지는 않지만 질감이 부드러워지고 타는 듯한 알코올의 느낌을 완화시킬 수 있다. 진을 더 편안하게 만들어주지만 그래도 이 정도로는 아직 스파르타식이라고 느끼는 사람이 많을 것이다.

비터 레몬

진에 레몬을 섞는 것은 진에 들어가는 식물 재료 중 특히 코리앤더처럼 이미 감귤류 향이 나는 것이 많다는 점에서 그리 어려운 선택지는 아니다(80쪽). 레몬껍질을 사용해 만드는 진이 많다는 점은 말할 필요도 없다. 특유의 쓴맛이 균형감을 더한다.

슬로 진(76~77쪽)과 함께 마셔보자. 진은 새콤하면서 과일 향과 더불어 은은한 흙 향기가 느껴지는데, 쌉싸름한 비터 레몬이 이 모든 특징을 화사하게 밝히고 균형을 잡아준다. 감귤류 향이 별로 없는 진에 레몬을 첨가하면 음료의 풍미를 전체적으로 둥글게 잡아주는 역할을 한다.

진저비어

진은 대부분 향기롭고 아린 흙 풍미를 가지고 있으며 맵싸한 부분이 있어(198~205쪽) 따뜻하고 톡 쏘는 맛이 나는 진저비어와 부드럽게 잘 어울리진다. 약간 걸쭉하고 달콤한 맛이 나는 올드 톰(74~75쪽)과 특히 잘 어울리는데, 보통 단맛이 맵싸한 맛과 잘 어우러지기 때문이다. (94~95쪽 '풍미의 작동 원리' 참조)

진저비어가 전체적으로 단맛이 강하다고 느끼는 사람이라면 그와 어울리는 아주 드라이한 진을 골라보자. 살짝 쓴맛이 나는 진이라면 단맛과 균형을 맞추기 훨씬 수월할 것이다.

비터스(핑크 진)

딸기 진이나 라즈베리 진 같은 종류를 뜻하는 것이 아니다. 핑크 진은 김렛(135쪽)처럼 영국 해군과 강한 인연이 있는 클래식한 음료다.

어렵지도 않다. 올드패션드 글라스에 앙고스투라 비터스를 넉넉히 세 방울 떨어뜨린 다음 여분을 따라내고 진을 부으면 끝이다. 두 샷 정도면 충분하다. 고전적인 선택지는 주로 플리머스 진이다(물론 네이비 스트렝스일 것). 원한다면 얼음을 넣어도 좋다.

약간 구식이라서 인터넷에서 검색하기에는 어려울 수 있다. 검색 결과가 대부분 현대적인 과일 향 진으로 뒤덮일 것이다. 하지만 아주 빠르고 쉽게 만들 수 있으니 한 번쯤 시도해볼 만한 가치가 있다.

베르무트(진 앤 잇)

진과 스위트 베르무트(그리고 오렌지 비터스 약간)를 동량으로 섞은 다음 얼음과 함께 저은 뒤 체에 걸러 얼음을 채운 올드패션드 글라스에 따른다. 오렌지 슬라이스로 장식한다.

여기에는 드라이한 진과 코키 베르무트 디 토리노처럼 양질의 베르무트를 고르는 것이 좋다. 진에 함유된 식물 재료가 대부분 베르무트에도 들어가기 때문에 서로 잘 어울린다.

한때는 스위트 마티니라고 불리기도 했지만 미국의 금주법 시대(1920~1933년)가 지나면서 진 앤 잇이라는 더 짧은 이름이 붙었다. 진 앤 잇의 '잇'은 '이탈리아식'의 줄임말로, 이탈리아식 베르무트라고도 불리는 스위트 베르무트를 가리킨다.

듀보네

듀보네는 고 엘리자베스 2세 여왕과의 연관성 덕분에 최근 들어 관심이 급증하고 있는 고전적인 칵테일이다. 여왕은 진에 듀보네를 2:1 비율로 섞어서 저은 다음 체에 거른 뒤 얼음을 넣은 로우볼 글라스에 따르고 레몬 가니시를 얹어서 즐겨 마셨다.

듀보네는 허브와 씁쓸한 나무껍질, 향신료로 만든 프랑스의 달콤한 아페리티프다. 엄밀히 말하자면 퀴닌 성분이 들어간 와인 베이스의 퀸퀴나로 오크통에서 숙성시킨다. 캄파리와 약간 비슷하지만 단맛이 더 강하다.

미국에서 판매하는 듀보네는 차이는 좀 있지만 포도 브랜디로 강화한 캘리포니아 와인으로 제조한다.

토닉에 대하여

진처럼 토닉도 지난 수십 년간 많은 발전을 거듭해왔다. 예전에는 애주가에게 두 가지 기본 선택지가 있었다. 브랜드 제품(즉 슈웹스)과 매장 자체 브랜드(기본 또는 무설탕)였다. 하지만 이제는 우리의 진에 부어 마실 토닉에도 수많은 선택지가 생겨났다. 토닉 워터는 크게 인디언(고전적인 퀴닌 맛의 토닉 워터), 라이트, 플레이버드의 세 가지 그룹으로 나눌 수 있다.

인디언 토닉

1900년대에는 대부분 슈웹스가 토닉 워터의 대명사로 통했지만 2000년대 초에 피버-트리 프리미엄 인디언 토닉 워터가 출시되면서 슈웹스의 아성에 도전장이 던져졌다. 슈웹스보다 설탕 함량이 20% 정도 적으면서 토닉 워터가 기본만을 지켜야 한다는 고정관념을 깬 제품이었다.

대부분의 클래식 토닉 워터는 100ml 기준으로 설탕이 약 7~9g 정도 함유되어 있지만 (214~215쪽) 100ml에 설탕이 4.3g밖에 들어있지 않은 런던 에센스 오리지널 인디언 토닉 워터처럼 라이트 토닉에 속하는 제품도 많다.

라이트 토닉

설탕이 적을수록 진의 식물 성분이 더욱 선명하게 드러나므로 라이트 토닉을 선택하는 것도 좋다. 일부 라이트 토닉은 설탕 대신 아스파탐이나 스테비아처럼 설탕만큼이나 진의 맛을 가리는 감미료를 사용하기도 한다. 이러한 토닉은 일반적으로 설탕량을 줄인 토닉에 비해 맛이 별로 좋지 않다.

세련된 슈웹스
1920년대의 한 광고에서 젊고 우아한 사람이라면 음료에 슈웹스 토닉 워터를 넣는다고 광고하고 있다.

플레이버드 토닉

플레이버드 토닉에 들어가는 가장 일반적인 재료는 엘더플라워, 자몽, 오렌지, 오이, 로즈메리지만 크랜베리나 핑크 루바브, 생강, 유자, 블랙 올리브 같은 맛도 있다.

엘더플라워

자몽과 오렌지

오이

로즈메리

용량에 대하여

어떤 토닉을 고르든 반드시 상쾌하고 탄산감이 있어야 한다. 탄산을 잃어버린 토닉보다 슬픈 것은 없다. 스스로를 위해서라도 작은 캔이나 병에 든 것을 고르자. 150~200ml 정도가 적당하다. 완벽한 분량에 대해서는 114~115쪽의 조언을 참조하고, 너무 많이 넣지 않기를 바라지만 어쨌든 진토닉에 토닉을 어느 정도 넣는 것을 좋아하느냐에 따라 한두 잔 정도만 만들 수 있는 분량이다. 더 큰 병을 고르면 토닉에서 탄산이 날아가버릴 것이다. 냉장고에 하루 이틀만 넣어두어도 방금 개봉한 것과는 완전히 다른 제품이 된다.

토닉 시럽

흔히 보기는 힘들지만 흥미로운 선택지 중 하나가 토닉 시럽이다. 기본적으로 퀴닌과 기타 식물 재료의 추출물로 만든 농축액으로, 취향에 따라 탄산수로 희석해 마시거나 칵테일에 바로 넣기도 한다. 버몬지 믹서사에서는 천연 신코나 추출물을 넣어 칵테일에 노을빛 호박색을 더하는 토닉 시럽을 생산한다.

플레이버드 토닉

플레이버드 토닉은 엄청난 인기를 얻고 있으며, 진과 토닉을 짝지을 수 있는 다양한 선택지를 제공한다. 좋아하는 향에 좋아하는 향을 더해 칵테일의 풍미 프로필을 강화할 수도 있고, 허브 토닉과 감귤류 향 진을 페어링하는 등 복합도를 높이는 조합을 선택할 수도 있다. 자주 등장하는 향으로는 엘더플라워와 자몽, 오렌지, 오이, 로즈메리 등이 있다.

피버-트리 내추럴리 라이트 토닉 워터

퀴닌과 감귤류의 균형이 잘 잡힌 토닉으로 너무 묽어지지 않으면서 진의 특성이 선명하게 드러나게 만들어주는 토닉이다. 다재다능하게 쓰기 좋은 토닉이며 150ml 용량의 캔 제품을 쉽게 구할 수 있다는 점도 중요하다.

이 책에 실린 진(154~213쪽)을 테이스팅할 때 이 토닉을 사용했다. 모든 진을 먼저 있는 그대로 맛을 본 다음, 대부분의 사람들이 진을 마시는 방식에 따라 토닉과 섞어서 다시 맛을 보았다. 토닉과 진의 비율은 거의 동량으로 사용했지만 너무 정확하게 계량하려고 노력하지는 않았다. 어쨌든 이 책에 소개한 진 테이스팅을 재현하고 싶다면 이 토닉을 사용하자.

아이콘 만들기: 진토닉

진토닉 한 잔만큼 사랑스럽고 매력적인 것이 있을까? 잔에 담긴 얼음의 경쾌한 소리, 신선한 레몬 트위스트가 선사하는 강렬한 향의 감귤류 오일, 표면에서 톡톡 터지는 탄산의 숨소리, 잔 테두리에서 춤추는 작은 물방울에 비치는 햇빛, 이 얼마나 기분 좋은 음료인지.

세부 사항

아직 우리는 한 모금도 마시기 전이다. 진토닉을 직접 만드는 것보다 더 나은 선택은 제대로 만드는 사람이라는 가정하에 누군가가 만들어준 것을 건네받는 것뿐이다.

진토닉은 아주 간단한 음료지만 제대로 만들면 큰 즐거움을 느낄 수 있으므로 사소한 부분이라도 정확히 지키는 것이 중요하다.

기타 스피릿은?

토닉이 진의 가장 친한 친구이기는 하지만 다른 스피릿과도 잘 어울린다. 다른 맛을 느끼고 싶지 않다면 보드카에 섞는 것도 좋다. 가능하다면 코냑이 더 좋을 것이다. 테킬라와 메스칼은 탐험하기에 좋은, 그 자체로 하나의 세상을 이룩한 스피릿이지만 정말 토끼 굴로 뛰어들고 싶다면 토닉에 쌉싸름한 이탈리아 리큐어인 아마리(아마로의 단수형)를 더해보자.

아마로와 토닉

온도는?

진토닉은 깔끔하고 상쾌해야 하므로 반드시 차갑게 마셔야 한다. 차가울수록 맛있고, 너무 따뜻하고 밋밋해지기 전까지의 시간을 오래 즐길 수 있다. 잔을 차갑게 식히거나 진을 차갑게 만들 필요까지는 없지만, 그럴 수만 있다면 품을 들일 만한 가치는 있다.

잔은?

하이볼 글라스. 논쟁 끝. 필요한 만큼 얼음을 얼마든지 담을 수 있고 바닥이 묵직해 균형을 잡기 좋으며 폭이 좁아 토닉의 탄산감이 너무 빨리 사라지지 않고 식기세척기에도 넣기 좋다. 찬장 공간을 크게 차지하지도 않는다.

얼음은?

얼음은 되도록 많이 사용한다. 잔에 얼음을 가득 채우자. 음료를 따랐을 때 얼음이 잔 바닥에서 1~2cm 이상 떠오르면 잘못된 것이다. 연못 위의 오리처럼 흐릿해진 자그마한 얼음 두 조각이 수면 위에서 꿈틀거리는 진토닉보다 슬픈 것은 없다. 눈 깜짝할 사이에 녹아버릴 것이다. 얼음이 많을수록 녹는 속도가 느려지고 희석도 덜 된다.

토닉 고르기

잘 어울리는 토닉은 어떤 진을 선택하느냐에 따라 달라진다. 그렇다고 대충 골라서는 안 된다. 토닉은 진토닉에서 가장 큰 비중을 차지하는 요소이므로 맛이 좋아야 한다. 설탕이 너무 많이 들어가지 않은 것을 고르자. 토닉은 우리가 고른 진을 가리는 것이 아니라 보완해야 한다. 작은 병이나 캔에 들어 있는 토닉이 가장 좋다. 큰 병에 담긴 토닉은 다 마시기도 전에 탄산과 풍미가 사라져버리기 때문이다.

비율 맞추기

나는 토닉과 진의 비율이 1.5:1인 것을 좋아하지만 사람에 따라서는 너무 강하다고 느낄 수도 있다. 많은 브랜드에서는 3:1을 권장하기 때문이다. 2:1을 기본으로 시작하는 것이 좋은 타협점이 되어준다. 그래도 너무 강하다면 언제든지 토닉을 더 넣으면 되지만 맛이 이미 흐려진 진토닉에서 토닉을 제거할 수는 없기 때문이다.

마지막으로, 가니시

음료에 가니시를 곁들이면 언제나 더 맛있어진다. 진토닉처럼 단순한 음료에는 특히 적절한 가니시가 큰 영향을 미칠 수 있다. 여러 아이디어가 존재하지만(150~153쪽) 간단하게 레몬 웨지 한 조각이나 오이 슬라이스 하나라면 거의 모든 진에 잘 어울릴 것이다.

완벽한 진토닉

진토닉을 업그레이드할 수 있는 변수로는 여러
가지가 있다. 내가 생각하는 완벽한 진토닉의
조건은 다음과 같다.

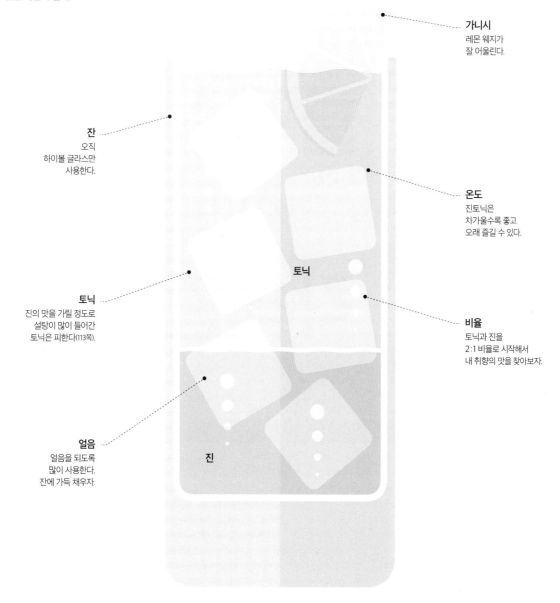

가니시
레몬 웨지가
잘 어울린다.

잔
오직
하이볼 글라스만
사용한다.

온도
진토닉은
차가울수록 좋고
오래 즐길 수 있다.

토닉

토닉
진의 맛을 가릴 정도로
설탕이 많이 들어간
토닉은 피한다(113쪽).

비율
토닉과 진을
2:1 비율로 시작해서
내 취향의 맛을 찾아보자.

진

얼음
얼음을 되도록
많이 사용한다.
잔에 가득 채우자.

클래식

진

칵테일

이 주제를 다룬 책은 이미 많이 있으므로 여기서는
너무 깊이 들어가기보다 다양한 진에 어울리는 고전적인 레시피를
소개하기로 한다. 다음 페이지에 실린 모든 레시피는
30ml를 1회 분량, 즉 1샷 기준으로 삼고 있으므로 필요에 따라 양을
조절할 수 있다. 어떤 계량법을 활용하든 비율은 동일하게
유지해야 한다. 일부 재료의 경우 계량용 티스푼이 필요할 수 있다.
1샷을 30ml로 계산한다면 1작은술은 1/8샷이다.

칵테일 관련 도구

집에서 칵테일을 만들기 위해 특별한 장비가 필요하지는 않다. 종이컵을 계량컵 대신으로 쓰거나 계량컵을 믹싱 글라스로 대체하고, 뚜껑이 단단하게 닫히는 용기를 셰이커 대신으로 쓸 수 있다. 요즘에 흔히 구할 수 있는 재사용 가능한 물병을 사용해도 좋다.

구입해야 할 도구

칵테일을 좀 더 일관성 있게, 또는 스타일리시하게 만들고 싶다면 칵테일 용품 몇 가지를 구입하면 훨씬 일이 쉬워진다. 그리고 더 그럴듯해 보일 것이다. 물론 큰돈을 들일 필요는 없다. 구매를 고려하고 있다면 다음에 소개하는 유용한 도구 목록을 참고하자.

필러

가니시용이다. 이미 가지고 있을 수 있지만 혹시 몰라서 여기에 포함한다.

과도

마찬가지로 가니시용이다. 과일을 웨지 모양으로 자르거나 트위스트의 형태를 잡는 등 유용하게 쓰인다. 날은 날카롭게 잘 서 있어야 한다.

착즙기

신선한 과일주스는 시판 병입 제품보다 훨씬 맛이 좋다. 따라서 좋은 착즙기는 하나쯤 장만해둘 만하다.

칵테일을 좀 더 일관성 있게
만들고 싶다면
칵테일 용품을 구입하는 것도 좋다.

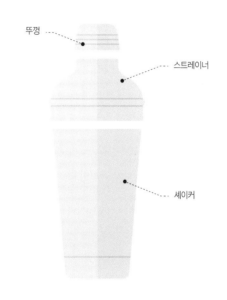

지거

계량에 대한 한 가지 조언. 지거를 사용하라! 좋은 칵테일은 재료의 균형과 비율에 따라 결정된다. 대부분의 지거는 싱글 샷과 더블 샷을 계량할 수 있도록 양면으로 되어 있다. 좋은 제품은 안쪽에 1/4샷, 1/2샷, 3/4샷을 측정할 수 있는 눈금이 새겨져 있다. 한쪽에는 밀리리터, 다른 쪽에는 온스를 표시한 눈금이 있는 작은 계량컵처럼 생긴 제품도 있다.

지거는 25㎖와 50㎖ 또는 30㎖와 60㎖가 한 쌍으로 되어 있다. 나는 싱글 샷이 30㎖ 기준인 더 큰 지거를 사용하는데, 양이 넉넉한 칵테일을 만들 수 있기 때문이다.

쓰리-파트 셰이커

이제 정통 칵테일 용품을 알아볼 차례다. 코블러 셰이커라고도 부른다. 세 가지 작업을 한 번에 해결할 수 있는 물건이다. 셰이킹은 물론이고 저어서 만드는 믹싱 글라스로도 쓸 수 있으며 뚜껑에 스트레이너가 내장되어 있다. 그야말로 필요한 모든 것을 갖추었다. 물론 더 필요한 것이 있을 수 있지만 그건 조금 다른 문제다.

셰이킹을 할 때는 손가락으로 윗부분을 누르는 것을 잊지 말자. 스트레이너를 덮고 있는 작은 뚜껑이 날아갈 수 있고, 뒤에 서 있는 사람이 칵테일을 마시는 대신 뒤집어쓰게 될 위험이 있다. 유일한 문제점은 너무 꽉 끼어서 구성품이 서로 잘 분리되지 않는 경우가 있다는 것이다. 그래서 나는 투-파트 셰이커를 더 선호한다(121쪽).

균형점

코일

게이트

바스푼

그렇다, 그냥 스푼이다. 음료를 젓는 것 외에 특별한 기능을 수행하지 않는다. 하지만 가격이 저렴하고 손잡이가 길어서 마티니를 영하의 온도로 차갑게 식히고 싶을 때 쉽고 빠르게 휘저을 수 있다. 또한 병 아래에 남은 마지막 칵테일 체리를 건져내야 할 때도 유용하다. 손잡이 끝에 무게추가 달린 것을 고르자. 균형을 잡아주고 재료를 으깰 때도 도움이 된다.

스트레이너

쓰리-파트 셰이커에 내장된 스트레이너는 효용성이 뛰어나지 않다. 조만간 제대로 된 스트레이너가 필요하게 될 것이다. 호손 스트레이너를 구입하자. 스프링이 약한 저렴한 것은 피하는 게 좋다. 셰이커에 남아 있는 얼음 조각이나 으깬 과일, 허브 등이 글라스에 들어가지 않도록 모두 걸러낼 수 있는 촘촘한 코일이 달린 것을 골라야 한다. 이러한 스트레이너는 코일 위에 '게이트'가 달려 있어서 열어두면 더 빨리 따를 수 있고, 닫으면 더 곱게 거를 수 있다.

심플 시럽

칵테일 레시피 중에는 심플 시럽이 들어가는 것이 여럿 있다. 냉장고에 보관하면 약 1개월간 사용할 수 있다. '리치' 심플 시럽은 설탕과 물을 2:1 비율로 섞은 것이다.

심플 시럽

1

냄비에 설탕과 물을
동량으로 넣는다.

2

중간 불에 올려 설탕이
완전히 녹을 때까지 휘젓는다.

3

식으면 병에 넣어 밀봉한 다음
냉장 보관한다.

투-파트 셰이커

보스턴 셰이커라고도 부른다. 젓기보다 셰이킹하는 칵테일을 주로 만든다면 이미 쓰리-파트 셰이커가 있다 하더라도 하나 더 구입하는 것이 좋다. 사용하기 훨씬 간편하고 쉽게 셰이킹할 수 있다. 또한 좀 더 효율적이라서 음료가 많이 희석되지 않도록 빠르게 식힐 수 있다. 정말 제대로 셰이킹을 하고 나면 거의 밀봉이 되어 잘 열리지 않을 때가 있다. 그럴 때는 아래쪽 부분을 살짝 돌려 짜는 것이 요령이다.

믹싱 글라스

셰이킹보다 젓는 칵테일을 주로 만든다면 구입해둘 만한 바 용품이다. 아랫면이 묵직해서 글라스가 안정적이라 혹시라도 넘어져 열심히 만든 칵테일을 온통 탁자에 쏟을 걱정 없이 맛을 완성하는 데 집중하기 훨씬 좋다. 그리고 보기에도 예쁜데, 도구가 아름다우면 칵테일 만들기가 훨씬 재미있기 마련이다.

시각적으로도
멋진 믹싱 글라스를 사용하자.
도구가 멋스러우면
칵테일 만들기가
훨씬 재미있어진다.

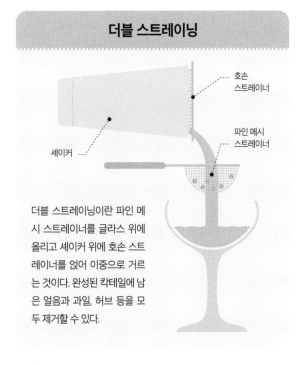

더블 스트레이닝

호손
스트레이너

파인 메시
스트레이너

셰이커

더블 스트레이닝이란 파인 메시 스트레이너를 글라스 위에 올리고 셰이커 위에 호손 스트레이너를 얹어 이중으로 거르는 것이다. 완성된 칵테일에 남은 얼음과 과일, 허브 등을 모두 제거할 수 있다.

아미 앤 네이비

기본적으로 심플 시럽 대신 오르자라는 달콤한 아몬드 시럽을 넣은 진 사워라고 할 수 있다. 아미 앤 네이비는 균형을 잡기가 까다롭기로 유명한 칵테일이므로 정확하게 계량해야 한다.

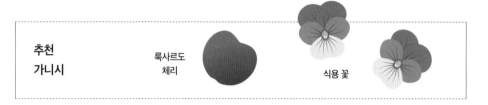

추천 가니시	룩사르도 체리		식용 꽃	

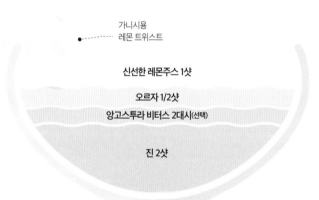

가니시용
레몬 트위스트

신선한 레몬주스 1샷

오르자 1/2샷

앙고스투라 비터스 2대시(선택)

진 2샷

어울리는 진

멜리페라
넘버 3 런던 드라이
하이클레어 캐슬

만드는 법

1. 셰이커에 액상 재료를 넣는다.

2. 음료에 깊이와 특징을 더하고 싶다면 앙고스투라 비터스를 몇 방울 넣는다.

3. 얼음을 넣고 완전히 차가워질 때까지 셰이킹한다.

4. 더블 스트레이닝(121쪽 상자 참조)을 한 뒤 차가운 쿠프 글라스에 붓고 레몬 트위스트로 장식한다.

에비에이션

금주법 이전 시대의 고전 칵테일이다. 셰이킹이 좋은지 저어서 만드는 것이 좋은지에 대한 논쟁이 있다. 셰이킹을 하면 맛이 좀 더 가볍다. 저으면 풍미가 더 거칠고 특유의 바이올렛 색상이 잘 유지된다. 저어서 만드는 쪽을 추천하지만 이 역시 본인 취향에 따라 선택하면 된다.

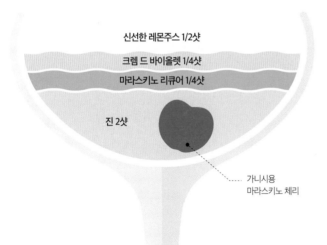

신선한 레몬주스 1/2샷

크렘 드 바이올렛 1/4샷

마라스키노 리큐어 1/4샷

진 2샷

가니시용
마라스키노 체리

어울리는 진

에비에이션
브록맨스
더 보태니스트
아일레이 드라이

만드는 법

1. 차가운 쿠프 글라스에 마라스키노 체리를 넣는다.

2. 믹싱 글라스 또는 셰이커에 모든 액상 재료를 넣는다.

3. 얼음을 넣어서 젓거나 셰이킹한다.

4. 걸러서 글라스에 붓는다. 셰이킹을 했을 경우 더블 스트레이닝을 한다.

팁 취향에 따라 레몬 트위스트를 하나 준비해서 표면에 오일을 분사하거나 가장자리에 문질러도 좋다. 단, 넣지는 않는다.

비즈 니즈

금주법 시절에 즐겨 마시던 밝고 가벼운 칵테일로, 소문에 따르면 끔찍한 수제 밀주 진의 풍미를 감춰주었다고 한다. 더 세련되게 만들고 싶다면 꿀 대신 꿀 시럽(꿀과 물을 3:1로 섞은 것)을 사용하자.

추천
가니시

타임 줄기

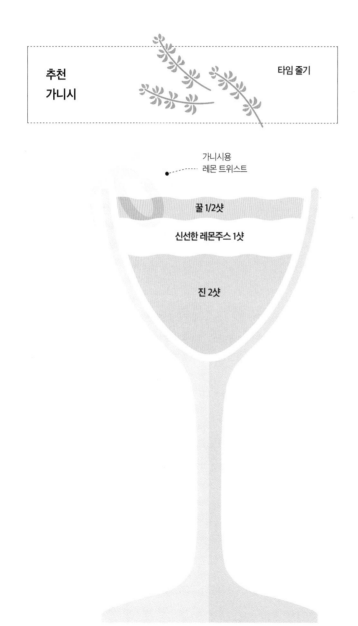

가니시용
레몬 트위스트

꿀 1/2샷

신선한 레몬주스 1샷

진 2샷

어울리는 진

하이트 오브 애로우스
탱커레이 런던 드라이
머메이드 진

만드는 법

1. 셰이커에 레몬주스와 꿀(또는 꿀 시럽)을 넣고 잘 저어서 꿀을 녹인다(시럽을 사용할 경우 휘젓지 않아도 좋다).

2. 진과 얼음을 적당량 넣는다.

3. 충분히 차가워질 때까지 셰이킹한 다음 스트레이닝해서 차가운 닉 앤 노라 글라스에 붓는다.

4. 레몬 트위스트로 장식한다.

비쥬

프랑스어로 '보석'이라는 뜻으로, 이 칵테일에 보석이라는 이름이 붙은 이유는
이를 구성하는 스피릿이 각각 다이아몬드와 에메랄드, 루비 색을 띠기 때문이다.
일부 레시피에서는 샤르트뢰즈의 양을 절반까지 줄이기도 하지만 모든 스피릿이
같은 비율로 들어가는 칵테일에는 단순함이 주는 매력이 있다.

오렌지 비터스 1대시

스위트 베르무트 1샷

그린 샤르트뢰즈 1샷

진 1샷

가니시용
마라스키노 체리

어울리는 진

플리머스 진
데스 도어
펜로스 런던 드라이

만드는 법

1. 믹싱 글라스에 모든 재료를 담은 뒤 얼음을 넣어서
   젓는다.

2. 스트레이닝해서 차가운 닉 앤 노라 또는 쿠프 글라
   스에 붓는다.

3. 마라스키노 체리를 꼬치에 끼워 장식하거나 음료
   를 붓기 전 글라스에 체리를 하나 넣는다.

브램블

1980년대 영국의 칵테일 제조자 딕 브래드셀이 발명했다. 블랙베리 리큐어인 크렘 드 뮈르를 사용하지만 다른 신선한 베리 가니시를 사용하고 싶다면 그에 어울리는 어떤 베리 리큐어를 사용해도 좋다. 간 얼음도 필요하므로 미리 준비해두자. 칵테일의 새콤달콤한 기본 바탕을 견딜 수 있을 정도로 식물 향이 강한 진을 고르는 것이 포인트다.

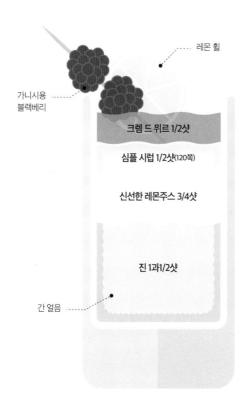

레몬 휠

가니시용
블랙베리

크렘 드 뮈르 1/2샷

심플 시럽 1/2샷(120쪽)

신선한 레몬주스 3/4샷

진 1과1/2샷

간 얼음

어울리는 진

코츠월드 드라이
포드 진 런던 드라이
콘커 스피릿 네이비
스트렝스

만드는 법

1. 로우볼 글라스에 간 얼음을 채운다.

2. 셰이커에 진과 레몬주스, 심플 시럽, 얼음을 넣고 셰이킹한 뒤 스트레이닝해서 잔에 따른다. 가볍게 저어서 잘 섞은 다음 여분의 간 얼음을 마저 채운다.

3. 베리 리큐어를 그 위에 띄운 다음 생 블랙베리를 꼬치에 끼워 장식한다. 더 화려하게 만들고 싶다면 레몬 휠을 하나 올린다.

브롱크스

레시피에 따라 비율이 매우 다양하다. 여기에 소개하는 것은 처음 시도해보기 좋은 기본 레시피다. 완벽한 칵테일(스위트 베르무트와 드라이 베르무트를 동량으로 사용)로 만들어도 좋고 드라이 베르무트의 양을 줄이고 진을 늘리거나 오렌지주스의 양을 가감하는 등으로 시험하기에도 좋다.

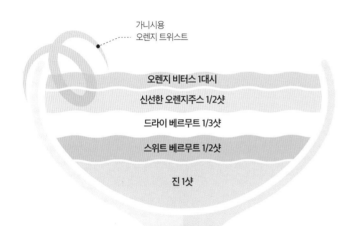

가니시용
오렌지 트위스트

오렌지 비터스 1대시
신선한 오렌지주스 1/2샷
드라이 베르무트 1/3샷
스위트 베르무트 1/2샷
진 1샷

어울리는 진

브루클린 진
커닙션 아메리칸 드라이
헤이먼스 이그조틱
시트러스

만드는 법

1. 모든 재료를 얼음과 함께 셰이킹한 다음 스트레이닝해서 차가운 쿠프 글라스에 담는다.

2. 오렌지 트위스트로 장식한다.

3. 마음에 드는 비율인지 생각해본다. 한 잔을 더 만들어 다른 사람에게 둘 다 맛을 보게 한다.

클로버 클럽

가볍고 과일 향이 나면서 부드러운 또 다른 금주법 이전의 고전 칵테일이다. 달걀흰자가 들어가 실크처럼 부드러운 훌륭한 질감은 물론 보기에도 아름다운 촘촘한 흰 거품을 선사한다.

추천 가니시

민트 줄기

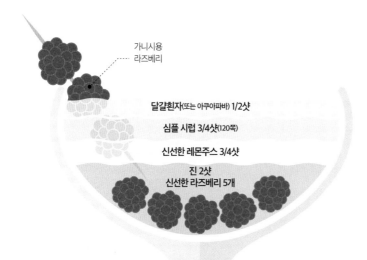

가니시용 라즈베리

달걀흰자(또는 아쿠아파바) **1/2샷**

심플 시럽 3/4샷(120쪽)

신선한 레몬주스 3/4샷

진 2샷
신선한 라즈베리 5개

어울리는 진

비피터 런던 드라이

린드 앤 라임

페리스 토트 네이비 스트렝스

만드는 법

1. 모든 재료를 셰이커에 넣되 가니시용 라즈베리는 몇 개 따로 빼둔다. 얼음 없이 10초간 셰이킹한다.

2. 셰이커에 얼음을 넣고 충분히 차가워질 때까지 다시 한 번 셰이킹한다.

3. 체에 걸러 차가운 쿠프 글라스에 붓는다. 더블 스트레이닝(121쪽)을 하면 더 좋다.

4. 남겨둔 라즈베리를 칵테일 꼬치에 끼워 취향에 따라 민트 줄기와 함께 장식한다.

콥스 리바이버 넘버 2

원래 다음 날 아침의 간단한 피로회복 용도로 만들어진 칵테일이다. 오리지널 레시피에는 더 이상 생산되지 않는 키나 릴레가 들어간다. 그 대신 릴레 블랑이나 코키 아메리카노, 심지어 드라이 베르무트로 대체해도 좋다.

압생트 두 방울

신선한 레몬주스 3/4샷

쿠앵트로 3/4샷

코키 아메리카노 또는 릴레 블랑 3/4샷

진 3/4샷

가니시용
마라스키노 체리

어울리는 진

헨드릭스
마틴 밀러스
바비스 스히담 드라이

만드는 법

1. 세이커에 압생트를 제외한 모든 재료를 얼음과 함께 넣고 세이킹한다.

2. 차가운 닉 앤 노라 글라스에 압생트 두 방울을 넣고 굴려서 골고루 묻힌다. 여분은 따라내도 좋다.

3. 마라스키노 체리를 글라스에 장식용으로 하나 넣고 음료를 스트레이닝해서 그 위에 붓는다. 체리를 먼저 넣는 것은 튀어서 버려지는 술이 없도록 하기 위함이다.

더티 마티니

마티니와 비슷하지만 올리브 병에 담긴 감칠맛이 나는 짭짤한 절임액을 마시는 것을 얼마나 좋아하느냐에 따라 더 마음에 들 수도, 마음에 들지 않을 수도 있다. 드라이하고 알코올 도수가 높으면서 전체적으로 어른스러운 느낌을 준다. 분위기 있는 재즈와 함께 즐겨보자.

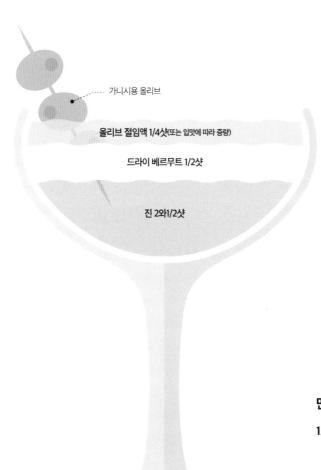

가니시용 올리브

올리브 절임액 1/4샷(또는 입맛에 따라 증량)

드라이 베르무트 1/2샷

진 2와1/2샷

어울리는 진

아일 오브 해리스
안 둘라만 아이리시
마리타임 진
더 보태니스트
아일레이 드라이

만드는 법

1. 믹싱 글라스에 모든 재료를 넣는다. 올리브 절임액은 입맛에 따라 양을 조절한다. 이 레시피는 양이 적은 편이다.

2. 얼음을 넣고 아주 차가워질 때까지 휘젓는다.

3. 스트레이닝해서 차가운 쿠프 글라스에 붓고 올리브 1개 또는 3개를 꼬치에 끼워 장식한다.

드라이 마티니

칵테일에서 가능한 최대한의 적나라함을 지닌 칵테일이다. 진이 숨을 곳이
없다. 진의 품질과 선택한 베르무트와의 상호작용을 강조하는 칵테일이다.
이상적으로는 한 스피릿이 다른 스피릿으로 우아하게 미끄러져 들어와 각각이
모두 돋보이면서 칵테일 자체가 빛나도록 하는 것이 가장 좋다.

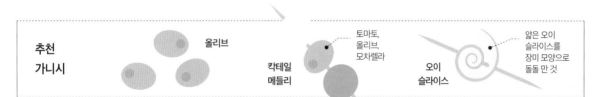

**추천
가니시**

올리브

토마토,
올리브,
모차렐라

칵테일
메들리

오이
슬라이스

얇은 오이
슬라이스를
장미 모양으로
돌돌 만 것

가니시용
레몬 트위스트

오렌지 비터스 1대시

드라이 베르무트 1/2샷

진 2와1/2샷

음료를 차갑게
유지하는 스템 부분

어울리는 진

탱커레이 넘버텐
망갱 올리진
헤플

만드는 법

마티니를 만드는 방법에는 무궁무진한 변형이 있다. 이
레시피를 최종 버전이 아닌 출발점으로 삼도록 하자.

1. 믹싱 글라스에 모든 재료와 얼음을 넣고 겉면에 성
   에가 생길 때까지 휘젓는다. 손으로 편안하게 잡고
   있기에는 너무 차가운 듯한 상태가 되어야 한다.

2. 스트레이닝해서 차가운 글라스에 붓고 마음에 드
   는 가니시로 장식한다.

잉글리시 가든

영국 과수원에서의 여름날 오후를 연상시키는 상쾌한 음료다. 일반 코디얼 대신 생제르맹 같은 엘더플라워 리큐어를 사용하거나 레몬 대신 라임주스를 넣는 레시피도 있다. 비율도 매우 다양하다. 다음은 처음 만들어보기에 좋은 레시피다.

가니시용 레몬과
오이 슬라이스

엘더플라워 코디얼 1/2샷

신선한 레몬주스 3/4샷

사과주스 2샷

진 2샷

어울리는 진

키 노 티
르 진 드 크리스티앙 드루앵
봄베이 사파이어

만드는 법

1. 하이볼 글라스에 얼음을 채운다.

2. 가니시를 제외한 모든 재료를 넣고 셰이킹한 다음 스트레이닝해서 글라스에 담는다.

3. 레몬과 오이 슬라이스로 장식한다. 여기에 탄산수를 넣어서 희석하면 맛있는 피즈가 된다.

프렌치 75

1900년대 초반 파리의 해리스 뉴욕 바에서 탄생한 고전 칵테일로 톰 콜린스와 매우 비슷하지만 샴페인이 들어가서 훨씬 화려하다. 물론 반드시 샴페인을 쓸 필요는 없다. 프로세코나 크레망, 페리, 드라이 사과주, 콤부차 등 다양한 종류로 대체할 수 있다.

가니시용
레몬 트위스트

마저 채울
차가운 샴페인
(또는 기타 탄산음료)

심플 시럽 1/2샷(120쪽)

신선한 레몬주스 1/2샷

진 1샷

어울리는 진

사일런트 풀
바라 애틀랜틱 진
산타 아나

만드는 법

1. 셰이커에 진과 레몬주스, 시럽을 넣고 얼음을 채워 잘 셰이킹한다.

2. 손가락이 시릴 정도로 셰이커가 차가워지면 스트레이닝해서 차가운 샴페인 플루트 잔에 붓는다.

3. 원하는 탄산음료를 붓고 레몬 트위스트로 장식한다.

깁슨

깁슨은 드라이 마티니의 변형으로 선택된 칵테일 양파를 시각적인 포인트로 사용한다. 산미와 더불어 기분 좋은 감칠맛을 더한다. 대부분의 마티니에 비터스를 사용하던 시절이었지만 깁슨은 비터스를 거부하는 방향으로 나아갔다. 비율은 정해져 있지 않으므로 다음 레시피로 시작해 실험해보자.

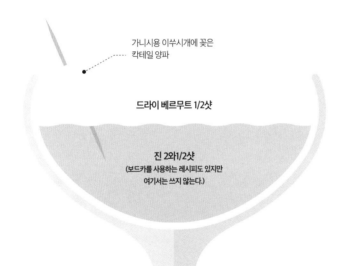

가니시용 이쑤시개에 꽂은
칵테일 양파

드라이 베르무트 1/2샷

진 2와1/2샷
(보드카를 사용하는 레시피도 있지만
여기서는 쓰지 않는다.)

어울리는 진

루사
포 필러스 올리브 리프
하이트 오브 애로우스

만드는 법

1. 믹싱 글라스에 얼음을 채우고 진과 베르무트를 부어 휘젓는다.

2. 스트레이닝해서 차가운 쿠프 글라스에 붓는다.

3. 칵테일 양파를 이쑤시개에 꽂은 다음 얹어서 장식한다.

김렛

선원이 구할 수 있었던 네이비 스트렝스 진과 라임 코디얼로 만든 오래된 해군 칵테일이다. 반드시 라임 코디얼을 넣어야 한다. 신선한 라임주스와 심플 시럽만 있으면 충분하다는 사람들의 이야기에 현혹되지 말자. 전혀 다른 풍미가 난다.

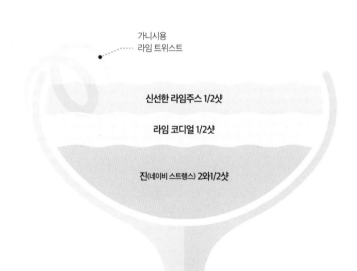

가니시용
라임 트위스트

신선한 라임주스 1/2샷

라임 코디얼 1/2샷

진(네이비 스트렝스) 2와1/2샷

어울리는 진

플리머스 네이비 스트렝스
옥슬레이
프로세라 그린 도트

만드는 법

1. 셰이커에 얼음을 넣고 모든 재료를 넣은 다음 셰이킹한다.

2. 스트레이닝해서 차가운 쿠프 글라스에 담고 라임 트위스트로 장식한다.

진 바질 스매시

여름을 연상시키는 과일과 허브 칵테일이다. 햇볕이 잘 드는 정원에서 친구들과 함께 늦은 점심을 시작하며 느긋하게 마셔보자. 술 한 병만 있으면 만들 수 있고 기타 재료도 구하기 쉬운 아주 **훌륭한** 칵테일이다.

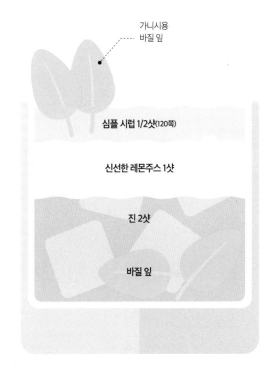

가니시용
바질 잎

심플 시럽 1/2샷(120쪽)

신선한 레몬주스 1샷

진 2샷

바질 잎

어울리는 진

진 마레
헨드릭스
크누트 한센 드라이

만드는 법

1. 셰이커에 바질 잎을 한두 장 넣고 찧은 다음 나머지 재료를 넣고 얼음을 채워서 충분히 셰이킹한다.

2. 더블 스트레이닝(121쪽)해서 얼음을 채운 록스 글라스에 담고 여분의 바질 잎으로 장식한다.

진 피즈

너무 쉬워서 다들 간과하곤 하지만 시간을 투자할 만한 가치가 있는 칵테일이다. 단맛과 신맛의 균형이 잘 잡혀 있고 가볍고 부드러운 질감으로, 어떤 진을 사용해도 아주 잘 두드러진다. 슬로 진으로 만들어도 훌륭한 피즈가 된다.

마저 채울 탄산수

달걀흰자(또는 아쿠아파바) 1/2샷

심플 시럽 3/4샷(120쪽)

신선한 레몬주스 1샷

진 2샷

어울리는 진

로쿠

세이크리드
핑크 그레이프프루트

메디테라니언 진
바이 레우베

만드는 법

1. 탄산수를 제외한 모든 재료를 세이커에 넣고 얼음 없이 수 초간 드라이 셰이킹한다.

2. 얼음을 넣고 다시 세차게 셰이킹한다.

3. 스트레이닝해서 차가운 하이볼 글라스에 붓고 탄산수를 채운다. 글라스에는 절대 얼음을 넣거나 장식하지 않는다. 있는 그대로 마셔야 하는 칵테일이다.

행키 팽키

1900년대 초반에 런던의 사보이 호텔에서 탄생한 칵테일로, 기본적으로
마티네즈(141쪽)를 변형한 것이다. 강렬한 쓴맛이 나는 이탈리아의 허브 리큐어
페르네-브랑카를 소량 첨가해 스위트 베르무트와의 균형을 잡는다.

| 추천 가니시 | 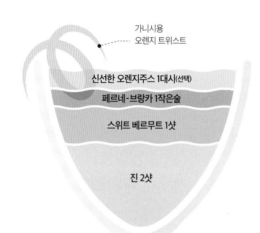 | 민트 줄기 |

가니시용
오렌지 트위스트

신선한 오렌지주스 1대시(선택)

페르네-브랑카 1작은술

스위트 베르무트 1샷

진 2샷

어울리는 진

타르퀸스 코니시 드라이
그레이터 댄 런던 드라이
이스트 런던 큐 진

만드는 법

1. 믹싱 글라스에 얼음을 넣은 다음 모든 재료를 함께
   넣고 젓는다.

2. 스트레이닝해서 차가운 닉 앤 노라 글라스에 붓는다.

3. 신선한 오렌지주스를 약간 두르면 상쾌한 느낌이 가
   미된다.

팁 어떤 레시피에서는 진과 베르무트를 2:1 비율로, 어
떤 곳에서는 동량으로 사용한다. 둘 다 만들어보고 내 입
맛에는 무엇이 맞는지 알아보자.

줄리엣과 로미오

2007년 시카고의 더 바이올렛 아워 바 오픈을 기념해 만들어진 칵테일이다. 이를 만들어낸 토비 말로니는 진 칵테일을 좋아하지 않는 사람을 위한 진 칵테일이라고 설명한다.

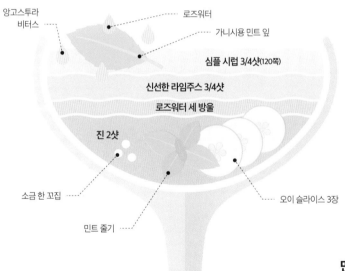

앙고스투라 비터스

로즈워터

가니시용 민트 잎

심플 시럽 3/4샷(120쪽)

신선한 라임주스 3/4샷

로즈워터 세 방울

진 2샷

소금 한 꼬집

민트 줄기

오이 슬라이스 3장

어울리는 진

와 비
아크 아카펠라고 보태니컬
포 필러스 레어 드라이

만드는 법

1. 셰이커에 오이 슬라이스를 넣고 소금을 작게 한 꼬집 뿌린 다음 으깬다.

2. 진과 심플 시럽, 라임주스, 로즈워터 세 방울, 민트 줄기를 넣는다. 얼음을 넣고 셰이킹한 다음 더블 스트레이닝(121쪽)해서 차가운 쿠프 글라스에 붓는다.

3. 이제 예쁘게 장식할 차례다. 민트 잎 한 장을 음료 표면에 띄우고 로즈워터를 그 위에 한 방울 올린다.

4. 앙고스투라 비터스를 민트 잎 주변에 세 방울 톡톡톡 올린다. 사진을 찍는다. 온라인에 포스팅한다. 좋아요를 잔뜩 받는다.

라스트 워드

들어가는 재료가 약간 특이해서 제외할까도 생각했지만 무시하기에는 너무 맛있어서 결국 포함시킨 칵테일이다. 새콤하지만 균형 잡힌 맛이다. 그린 샤르트뢰즈 대신 생제르맹을 사용해도 좋다.

마라스키노 리큐어 1샷

신선한 라임주스 1샷

그린 샤르트뢰즈 1샷

진 1샷

가니시용
칵테일 체리

어울리는 진

넘버 3 런던 드라이
사일런트 풀
소리게르 마혼

만드는 법

1. 셰이커에 얼음과 모든 재료를 넣고 셰이킹한 다음 스트레이닝해서 차가운 글라스에 담는다. 닉 앤 노라 글라스가 잘 어울린다.

2. 칵테일 체리로 장식한다. 밝은 빨간색 괴물 같은 저렴한 제품 대신 룩사르도 같은 고급 체리를 사용해야 한다.

마티네즈

마티니의 전신인 마티네즈는 좀 더 복합적이고 단맛이 난다. 그만큼 맛있다는 말이다. 가능하다면 올드 톰 진을 사용하면 더욱 풍성한 맛을 즐길 수 있다.

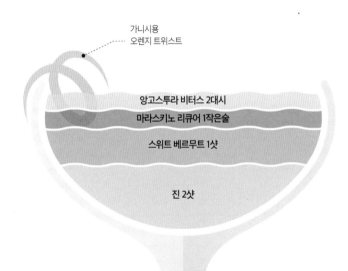

가니시용
오렌지 트위스트

앙고스투라 비터스 2대시
마라스키노 리큐어 1작은술
스위트 베르무트 1샷
진 2샷

어울리는 진

요크 진 올드 톰
에르노 네이비 스트렝스
록 로즈 핑크
그레이프프루트 올드 톰

만드는 법

1. 셰이커나 믹싱 글라스에 얼음을 넣고 나머지 재료를 넣은 다음 아주 차가워질 때까지 휘저어서 스트레이닝한 뒤 차가운 쿠프 글라스에 담는다.

2. 오렌지 트위스트로 장식한다.

네그로니

진과 베르무트의 상호작용을 강화하고 캄파리의 쌉싸름한 킥을 더한 칵테일이다. 맛있는 자극이 가득하지만 조심하지 않으면 진의 맛을 조금 잃을 수 있다. 주니퍼와 오렌지 향이 강한 진이라면 걱정할 것 없고, 그 외에 다른 풍미 프로필을 실험하면서 어떤 조합이 잘 어울리는지 알아보는 것도 좋다.

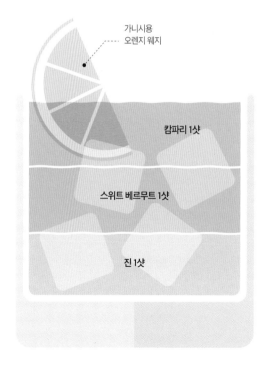

가니시용
오렌지 웨지

캄파리 1샷

스위트 베르무트 1샷

진 1샷

어울리는 진

십스미스 VJOP
온디나
도로시 파커

만드는 법

아래처럼 두 과정으로 나누어 만들거나 글라스에서 바로 만들어 마실 수도 있는 칵테일이다.

1. 모든 재료를 섞은 다음 얼음 위에 붓고 저어서 식혀가며 희석한다.

2. 스트레이닝해서 여분의 얼음을 넣은 차가운 글라스에 붓고 오렌지 웨지나 오렌지껍질로 장식한다.

올드 프렌드

진과 엘더플라워 리큐어가 날아가버릴 것만 같은 순간 캄파리가 은은한 쓴맛으로 칵테일의 무게감을 잡아주고 핑크 자몽이 새콤하고 복합적인 풍미로 마시는 즐거움을 더한다.

추천 가니시

오렌지 트위스트

생제르맹 1/3샷

캄파리 1/2샷

가니시용 자몽 트위스트

핑크 자몽주스 3/4샷

진 1과1/2샷

어울리는 진

록 로즈 핑크
그레이프프루트 올드 톰

하푸사 히말라얀 드라이

젠슨스 버몬지 드라이

만드는 법

1. 모든 재료를 셰이커에 붓고 얼음을 넣은 다음 셰이킹한다.

2. 더블 스트레이닝(121쪽)해서 차가운 닉 앤 노라 글라스에 붓는다.

3. 자몽 트위스트로 장식한다.

레드 스내퍼

주말인가? 여전히 숙취에 시달리는가? 브런치 시간인가? 기분 전환용으로 식물의 향이 담긴 칵테일을 원하는가? 블러디 메리, 비켜. 레드 스내퍼가 등장할 시간이다! 미리 경고하건대 여기에는 손이 조금 많이 간다. 그러니 다른 사람한테 만들어달라고 부탁해보자.

추천 가니시 · 올리브 · 칵테일 양파 · 로즈메리

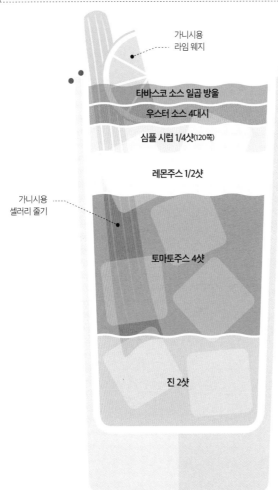

가니시용 라임 웨지

두 번 갈아낸 흑후추와 셀러리 소금 두 꼬집을 섞어 가장자리에 묻힌다.

타바스코 소스 일곱 방울

우스터 소스 4대시

심플 시럽 1/4샷(120쪽)

레몬주스 1/2샷

가니시용 셀러리 줄기

토마토주스 4샷

진 2샷

어울리는 진

아우데무스 우마미

바라 애틀랜틱 진

세븐 힐스 VII 이탈리안 드라이

만드는 법

1. 먼저 잔을 준비한다. 작은 접시에 흑후추와 셀러리 소금을 섞어놓고, 파인트 글라스의 가장자리 부분에 라임 웨지의 단면을 문지른다.

2. 글라스를 소금과 후추를 섞어놓은 접시에 뒤집어 찍어서 가장자리에 묻힌 다음 얼음을 채운다.

3. 이제 음료를 만든다. 셰이커에 진과 토마토주스, 레몬주스, 심플 시럽, 우스터 소스, 타바스코 소스를 넣는다. 아주 차가워질 때까지 셰이킹한 다음 스트레이닝해서 글라스에 붓는다. (여기서는 부드럽게 셰이킹하는 것이 좋다는 사람도 있다.)

4. 셀러리 스틱과 라임 웨지로 장식한다.

사탄스 위스커

해리 크래독의 저서 『사보이 칵테일 북』에 나오는 오래된 고전 칵테일이다. 두 가지 버전이 있다. 스트레이트 버전에서는 그랑 마니에르를 사용하고 오렌지 펀치를 넣는다. 컬 버전에서는 큐라소를 넣고 베르무트의 양을 조금 늘린다.

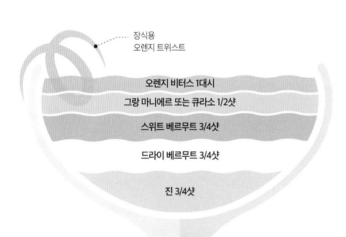

장식용
오렌지 트위스트

오렌지 비터스 1대시

그랑 마니에르 또는 큐라소 1/2샷

스위트 베르무트 3/4샷

드라이 베르무트 3/4샷

진 3/4샷

어울리는 진

시타델
아우데무스 핑크 페퍼
브루키스 바이런 드라이

만드는 법

1. 셰이커에 얼음을 채우고 모든 재료를 넣어 자연스럽게 셰이킹한다.

2. 충분히 셰이킹한 다음 스트레이닝해서 차가운 쿠프 글라스에 붓고 오렌지 트위스트로 장식한다.

사우스사이드 리키

모히토를 좋아하는 사람이라면 누구나 친숙하게 여길 만한 칵테일이다. 가볍고 상쾌해서 길고 무더운 여름 저녁에 마시기 좋다. 잘게 부순 얼음만 빼면 리키가 피즈로 변신한다. 칵테일은 그런 마법 같은 존재다.

가니시용
민트 줄기와 라임 웨지

탄산수 40ml

심플 시럽 3/4샷(120쪽)

신선한 라임주스 1샷

으깬
얼음

진 2샷

신선한 민트 잎 5장

어울리는 진

지바인 플로레종
인버로슈 클래식
맨리 스피리츠 코스탈
시트러스

만드는 법

1. 하이볼 글라스에 으깬 얼음을 채운다.

2. 셰이커에 진과 라임주스, 심플 시럽, 민트 잎, 얼음을 넣고 셰이킹한다.

3. 스트레이닝해서 글라스에 담는다. 탄산수를 채우고 라임 웨지와 민트 줄기로 장식해 낸다.

20세기

콥스 리바이버 넘버 2와 비슷하지만 레몬과 초콜릿 조합을 기반으로 한다. 화이트 크렘 드 카카오를 사용하지만 만약에 브라운 크렘 드 카카오가 있다면 글라스 바닥에 한 작은술 정도 부어서 얼려보자. 훨씬 우아한 분위기를 낼 수 있을 것이다.

가니시용
레몬 트위스트

신선한 레몬주스 3/4샷

화이트 크렘 드 카카오 3/4샷

코키 아메리카노(또는 릴레 블랑) 3/4샷

진 3/4샷

어울리는 진

헤플
팔마
니카 코페이

만드는 법

1. 셰이커에 모든 재료를 넣고 얼음을 채운다. 셰이킹을 한다. 내용물이 바닥만 쓸지 않고 셰이커의 양쪽 끝을 제대로 치면서 오가도록 셰이킹해야 한다.

2. 스트레이닝해서 차갑게 식힌 글라스에 담고 레몬 트위스트로 장식한다.

화이트 레이디

오늘날 우리가 알고 있는 칵테일로 정착하기까지 꽤나 큰 변화를 거쳐 온 레시피다. 처음 발명했을 때는 진이 전혀 들어가지 않았고, 대신 크렘 드 멘테가 중심이 되었다.

가니시용
레몬 트위스트

달걀흰자(또는 아쿠아파바, 선택) 1/2샷

신선한 레몬주스 3/4샷

쿠앵트로(또는 트리플 섹) 1샷

진 1과1/2샷

어울리는 진

마틴 밀러스
드럼샨보 건파우더 아이리시 진
런던 투 리마

만드는 법

1. 모든 재료를 셰이커에 넣는다. 달걀흰자를 사용할 경우에는 먼저 가볍게 셰이킹한 다음 얼음을 넣어야 한다. 넣지 않을 경우에는 바로 다음 과정으로 넘어간다.

2. 얼음을 넣고 셰이킹한 다음 더블 스트레이닝(121쪽)해서 차갑게 식힌 쿠프 글라스에 담고 레몬 트위스트로 장식한다.

팁 맛이 너무 날카롭게 느껴지면 쿠앵트로를 3/4샷으로 줄이고 심플 시럽(120쪽) 1/4샷을 더한다.

화이트 네그로니

전형적인 이탈리아식 음료를 프랑스식으로 재해석한 화이트 네그로니는 캄파리 대신 용담 덕분에 쓴맛이 더 강하게 나는 스즈를 쓴다. 기분 좋게 드라이한 끝맛이 있어서 식사 전에 애피타이저로 즐기기 좋다. 네그로니처럼 동량의 비율을 적용하지만 진을 1.5샷으로 늘리고 스즈와 릴레 블랑을 각각 3/4샷으로 줄이면 훨씬 균형 잡힌 맛이 난다.

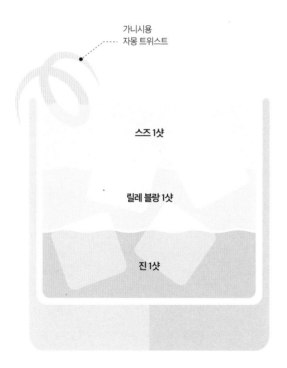

가니시용
자몽 트위스트

스즈 1샷

릴레 블랑 1샷

진 1샷

어울리는 진

하푸사 히말라얀 드라이
아크로스
지오메트릭

만드는 법

1. 모든 재료를 믹싱 글라스에 넣고 얼음을 채운 다음 젓는다.

2. 스트레이닝한 뒤 얼음을 넣은 더블 록스 글라스에 붓는다.

3. 글라스 가장자리에 자몽 트위스트를 문질러 여분의 풍미로 킥을 더한 다음 음료에 얹어 장식한다.

팁 글라스에서 바로 만들어도 좋은 칵테일이다.

가니시

가니시가 없는 음료는 마지막 한 방이 없는 농담과 같다. 한잔의 술과 함께하는 저녁 시간이 되기만을 간절하게 기다리는 상황에서는 어설프고 귀찮게 느껴질 수 있지만 그 정도는 감수할 만한 가치가 있다.

풍미 고조시키기

좋은 술은 단순히 목으로 넘어가는 액체가 아니라 그 자체로 하나의 의식이 된다. 우리는 먼저 눈으로 맛을 본다. 기대감과 흥분, 즐거움은 입술에 닿는 순간 음료의 풍미를 높이는 데 생각보다 많은 역할을 한다.

어떤 가니시를 사용할까?

진과 페어링할 가니시를 선택하는 방법에는 보완과 대조, 조화라는 세 가지 주된 접근 방식이 있다. 일반적으로 칵테일은 복합도를 높이면 훨씬 흥미로운 맛이 된다. 즉 사용하는 진이 주니퍼와 감귤류 풍미가 강하고 뒷맛으로 은은하게 허브 향이 돈다면 로즈메리 같은 허브 가니시나 오이 슬라이스를 사용하면 완성된 칵테일의 뒷맛을 보충하는 역할을 한다.

만일 만드는 칵테일이 특정 풍미에 크게 의존할 경우에는 그 맛과 대비되는 가니시를 선택할 수 있다. 예를 들어 과일 가니시는 꽃 향 진에 깊이를 더하고, 감귤류는 흙 향이 나는 감미로운 진에 화사한 분위기를 더한다. 기

본적인 맛이 상호작용하는 방식에 대해서도 생각해보자(94~95쪽 '풍미의 작동 원리' 참조).

세 번째 방식은 선택한 진이 제공하는 풍미를 받아들이고 그와 함께 어우러지는 것이다. 조화로운 가니시는 진의 주된 풍미를 강조하지만, 복합성을 더하는 방식으로도 활용할 수 있다. 예를 들어 레몬 트위스트는 슬로 진의 신맛에 조금 다른 느낌의 산미를 더한다.

감귤류 가니시

레몬, 라임, 오렌지 및 기타 감귤류 과일은 칵테일 세계에서 많은 역할을 한다. 껍질에는 리모넨(진의 많은 재료에서도 찾아볼 수 있다)과 같은 화합물이 함유되어 있어 완성된 칵테일의 맛에 영향을 미친다.

감귤류 트위스트를 만들려면 감귤류 껍질

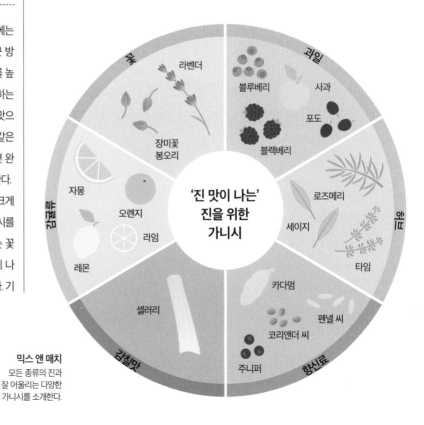

꽃 라벤더 블루베리 사과 **과일** 장미꽃 봉오리 포도 블랙베리 자몽 로즈메리 오렌지 세이지 라임 **허브** 타임 레몬 카다멈 펜넬 씨 셀러리 코리앤더 씨 주니퍼 **향신료** **감칠맛** **감귤류**

'진 맛이 나는' 진을 위한 가니시

믹스 앤 매치
모든 종류의 진과
잘 어울리는 다양한
가니시를 소개한다.

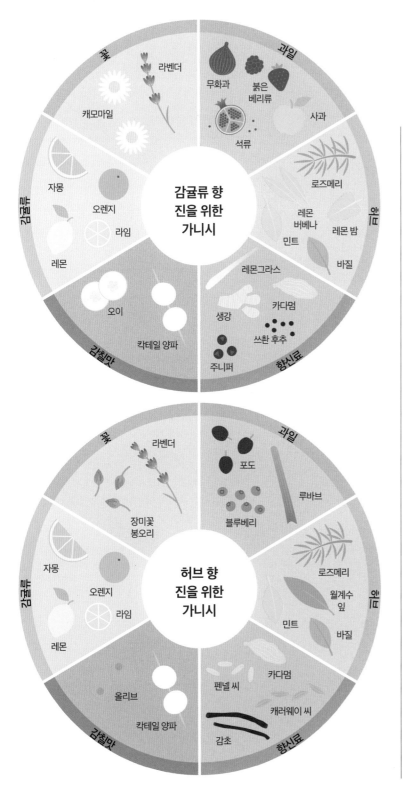

감귤류 향 진을 위한 가니시

꽃 — 라벤더, 캐모마일
과일 — 무화과, 붉은 베리류, 사과, 석류
허브 — 로즈메리, 레몬 버베나, 레몬 밤, 민트, 바질
향신료 — 레몬그라스, 카다멈, 생강, 쓰촨 후추, 주니퍼
감칠맛 — 오이, 칵테일 양파
감귤류 — 자몽, 오렌지, 라임, 레몬

허브 향 진을 위한 가니시

꽃 — 라벤더, 장미꽃 봉오리
과일 — 포도, 루바브, 블루베리
허브 — 로즈메리, 월계수 잎, 민트, 바질
향신료 — 카다멈, 펜넬 씨, 캐러웨이 씨, 감초
감칠맛 — 올리브, 칵테일 양파
감귤류 — 자몽, 오렌지, 라임, 레몬

을 길게 띠 모양으로 잘라낸다. 너무 깊이 깎아내면 쓴맛이 나는 흰색 속껍질이 포함되므로 주의해야 한다. 이 상태에서 껍질 부분이 밖으로 가도록 접으면 칵테일에 오일을 미스트처럼 뿌릴 수 있다. 또는 글라스 가장자리에 문질러서 은은한 풍미를 가미하기도 한다. 그런 다음 음료에 통째로 퐁 빠뜨리기도 하는데, 멋스럽게 보이고 싶으면 모양을 살짝 다듬는 것이 좋다.

감귤류를 휠이나 슬라이스, 웨지 모양으로 썰어 음료에 그대로 넣기도 한다. 이때는 해당 과일의 즙을 몇 방울 짜서 칵테일에 첨가하면 전체적인 풍미를 훨씬 풍성하게 만들 수 있다.

허브 가니시

민트는 고전적인 허브 가니시다. 밝은 녹색 잎이 달린 신선한 허브 줄기는 보기에도 아름답고 음료에 색다른 분위기를 더한다. 예를 들어 클로버 클럽 칵테일(128쪽)에 잘 어울린다.

로즈메리 줄기는 진의 주니퍼 향과 잘 어울리는 또 다른 좋은 선택지다. 타임과 레몬 타임도 잘 어울리지만 로즈메리는 음료 잔에 작은 잎이 둥둥 떠다니게 될 가능성이 상대적으로 적다.

나는 진토닉에 오이 슬라이스를 한 장 넣는 것을 아주 좋아한다. 허브 향이 나면서도 로즈메리나 민트에 비해 조금 편안하고 얼굴에 닿지도 않기 때문이다. 오이 토닉이 인기가 있는 것을 보면 이게 나만의 의견이 아니라는 것을 알 수 있을 것이다.

나무 향 및 향신료 가니시

진토닉에서 진을 강조하고 싶다면 주니퍼베리를 몇 개 띄우는 것이 확실한 선택지다. 보기에도 좋고 당연히 맛도 훌륭하지만 모든 사람이 좋아하지는 않을 것이다. 열매가 동동 떠다니기 때문에 한 모금 마실 때마다 입술에 계속 달라붙어 방해가 될 수 있다. 빨대로 마실 때에만 효과가 있는데, 빨대로 칵테일을 마시는 사람은 그리 많지 않다.

띄우기 좋은 또 다른 가니시로 조금 덜 성가신 것이 있다면 팔각이다. 팔각은 음료에 사랑스럽고 깊은 흙 향기를 더한다. 시나몬도 잘 어울린다. 흑후추와 커피콩도 훌륭한 가니시가 되어준다.

신맛, 짠맛, 감칠맛 가니시

고전적인 진 칵테일 가니시를 구성하는 맛 분류다. 소박한 올리브를 떠올려 보자. 고상한 드라이 마티니(131쪽)에 올리브가 들어가 있으면 '저게 내 칵테일에서 무슨 역할을 하겠어'

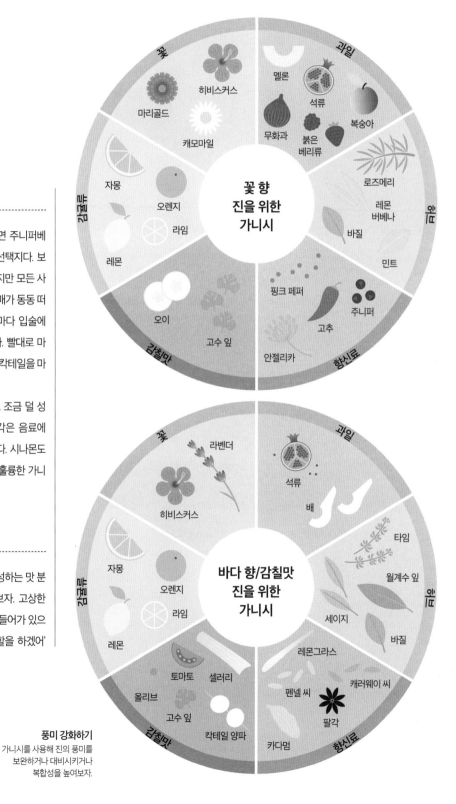

풍미 강화하기
가니시를 사용해 진의 풍미를
보완하거나 대비시키거나
복합성을 높여보자.

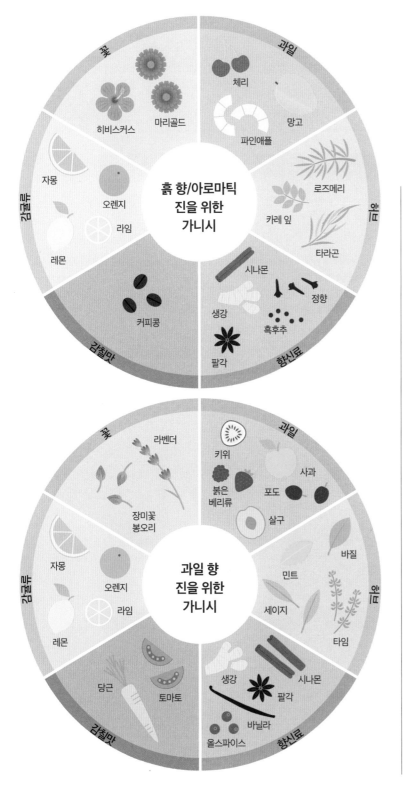

하고 무시하게 된다. 최소한 처음 맛보기 전까지는 그렇게 생각하겠지만, 일단 마셔보고 나면 다시는 의심하지 않게 될 것이다.

올리브 대신 자그마한 실버스킨 칵테일 양파를 넣으면 짭짤한 감칠맛 대신 아주 은은하게 감칠맛이 남아 있는 날카롭게 톡 쏘는 맛을 느낄 수 있다. 마티니 대신 깁슨(134쪽)에도 같은 규칙을 적용할 수 있다. 보기에는 이상할지 몰라도 맛은 훌륭할 것이다. 가장자리에 묻히는 소금과 피클 슬라이스, 셀러리, 토마토 슬라이스도 같은 역할을 한다.

과일 가니시

지상에 떨어진 작은 천국인 강력한 마라스키노 체리에 경배를 표하자. 좋은 브랜드 제품을 골라야 한다. 룩사르도와 호텔 스타리노의, 어떤 마약보다도 중독성이 강력한 시럽에 동동 떠 있는 어두운 색의 윤기 나는 보석. 칵테일은 잊어버리고 병에서 건져 그냥 입에 넣자!

라즈베리나 딸기 등 기타 베리류도 잘 어울리는 진과 칵테일에 가미하면 맛있게 마실 수 있다. 블랙커런트를 넣어서 증류한 헤플 진(160쪽)을 사용한다면 진토닉에 블랙베리를 넣는 것도 좋을 것이다. 서로 다른 과일이지만 풍미가 잘 어우러지고, 블랙베리 쪽이 더 구하기 쉽기 때문이다. 사과나 배 슬라이스, 포도 등도 사용하기 좋다.

풍미별

------- 진 -------

탐색하기

이 장에서는 요즘 맛볼 수 있는 다양한 종류의 진을 탐험하기 위해
풍미를 핵심으로 다루고 있다. 100종이 넘는 진에 대한
테이스팅 노트를 통해 클래식한 식물 재료의 향이 뒷받침된
대담한 주니퍼 풍미를 지닌 '진 맛이 나는' 진부터 감귤류 향이 강한 진,
허브 향 진, 꽃 향 진, 과일 향 진, 흙 향과 아로마틱 진, 바다 향과
감칠맛 진 등을 소개한다. 각 풍미 그룹별로 사용되는
대표적인 식물 재료와 각 그룹의 진을 하나로 묶어주는 풍미의 원천,
가니시와 믹서, 칵테일과 관련된 제안 등을 통해 진을 더욱 맛있게
즐길 수 있는 방법을 알아볼 것이다. 유리잔 하나와 토닉, 믹서와
함께 맛있는 진의 세상으로 뛰어들 준비를 시작하자.

'진 맛이 나는' 진

클래식한 진과 그 뒤를 잇는 현대적인 진으로 구성되어 있다. 주니퍼 풍미가 확실히
두드러지지만 베이스가 꽤나 부드럽고 균형 잡힌 경우가 많다.

식물 재료

딱히 놀랄 요소가 없다. 주니퍼와 코리앤더, 안
젤리카, 오리스 뿌리, 레몬, 감초를 사용한다.
후추 향을 더하기 위해서 쿠베브나 그레인 오
브 파라다이스를 쓰는 경우도 드물지 않다.

　일부 증류사는 일반 주니퍼뿐만 아니라 다
른 품종으로도 실험을 하곤 한다(21쪽).

코리앤더　　안젤리카

오리스 뿌리　　레몬　　감초

믹서	가니시	칵테일	기타 추천 진
피버-트리 프리미엄 인디언 토닉 워터 Q 스펙타큘러 토닉 워터 스트레인지러브 넘버 8 인디언 토닉 워터	레몬 라벤더 로즈메리	진 앤 잇(111쪽) 드라이 마티니(131쪽) 네그로니(142쪽)	헤이먼스 올드 톰 쵸박스 클래식 드라이 와일드준 웨스턴 스타일

비피터 런던 드라이

40%(수출 기준 47%) ABV

영국 런던

풍미

오늘날까지도 런던과 깊은 연관이 있는 전형적인 런던 드라이 진인 비피터는 1876년부터 동일한 레시피를 사용하고 있다. 안젤리카를 포함한 아홉 가지의 고전적인 식물 재료를 씨앗과 뿌리를 모두 섞어서 사용한다. 코끝에서는 뚜렷한 주니퍼와 기름진 오렌지껍질 향이 깔끔하게 느껴진 다음 은은한 꽃향기가 퍼진다. 미각에서는 예상할 수 있는 대로 주니퍼가 지배적으로 느껴지지만 그 아래로 감귤류와 향신료가 따뜻하게 균형을 이루고 있다.

비피터 24(차로 만든다)와 비피터 크라운 주얼(자몽이 많이 들어간 강한 진) 등 다른 표현이 느껴지는 기타 상품도 있지만 고전적인 런던 드라이가 아직까지 신뢰감 강력한 칵테일 재료로 사랑받고 있다.

블루코트 아메리칸 드라이

47% ABV

미국 필라델피아

풍미

2006년 출시 당시에는 '대부분의 진에서는 찾아볼 수 없는 감귤류 껍질'을 사용해 눈에 띄게 독특해 보이던 진이다. 요즘에는 다소 클래식해 보이는 면이 있다. 취향이 어떻게 달라질 수 있는지를 보여주는 사례다. 하지만 오해하지는 말자. 그래도 여전히 훌륭한 진인 것은 당연하고, 아직 맛보지 않았다면 꼭 한번 마셔볼 만한 가치가 있는 진이다.

코끝에서 부드러운 주니퍼와 비터 오렌지의 향이 느껴지고 미각에서는 부드러운 흙 향신료 맛이 감돈다. 중간에 카다멈(또는 그와 비슷한 맛)을 비롯해 붉은 자몽의 껍질과 과일 맛이 느껴진다. 약간의 안젤리카 맛으로 마무리되며 머스크와 나무, 드라이한 향이 난다. 토닉과 아주 잘 어울린다.

봄베이 사파이어 런던 드라이

40% ABV

영국 레이버스토크

풍미

주니퍼 · 감귤류 · 허브 · 꽃 · 향신료 · 과일

봄베이 사파이어가 없었다면 진의 르네상스는 일어나지 않았을지도 모른다. 하지만 한때 진의 카테고리를 재정의한 이 진에서 지금은 아주 고전적인 맛이 느껴진다. 만일 진이 도시라면 봄베이 사파이어의 향은 기이한 뒷골목 대신 중앙시장 광장으로 발걸음을 옮기게 만든다.

레몬이 주를 이루지만 주니퍼와 은은한 향신료 풍미도 함께 어우러진다. 보드카빌의 술꾼을 유혹하는 가벼운 맛을 유지하고 있지만 가만히 느껴보면 주니퍼와 오리스 뿌리 향도 은은하게 올라온다. 쉽게 감지하기 힘들지만 아마도 머스키한 안젤리카일 식물성 향이 존재하고, 후추와 향신료 풍미가 감귤류와 겹친 나무 향 끝맛으로 이어진다.

포드 진 런던 드라이

45% ABV

영국 런던

풍미

주니퍼 · 감귤류 · 허브 · 꽃 · 향신료 · 과일

비피터와 플리머스 진의 미국 브랜드 홍보대사였던 사이먼 포드와 1680년대부터 가족 대대로 진을 만들어온 마스터 증류사 찰스 맥스웰이라는 두 명의 전설적인 인물이 만들어낸 진정한 진 애호가를 위한 진이다.

주니퍼 중에서도 일반적인 소나무 향이 아닌 장뇌 향과 꽃향이 주를 이룬다. 어쩌면 15시간에 걸친 긴 숙성시간 때문일 수도 있고, 5시간 이상 천천히 증류하기 때문일 수도 있다. 균형 잡힌 복합적인 주니퍼와 감귤류 향이 육계나무를 거쳐 풍부하고 깊은 자몽 향으로 이어지는 길고 따뜻한 여운으로 마무리된다. 토닉을 첨가하면 주니퍼 향이 부드러워지면서 감귤류 햇살이 화사하게 내리쬐는 4월의 소나기 속 습한 숲길을 걷는 듯한 느낌을 준다.

그레이터 댄 런던 드라이

40% ABV

인도 뉴델리

풍미

인도 뉴델리에서 바텐더로 일하던 나오 스피리츠의 공동 창립자 아난드 비르마니와 비아브하브 싱은 인도산 진이 얼마 되지 않는다는 점에 좌절감을 느꼈다. 그들이 원한 것은 현지에서 생산된 견고한 런던 드라이 진이었다. 그레이터 댄이 바로 그것이다.

생강과 펜넬, 레몬그라스, 캐모마일로 흥미를 유발하는 독특한 면을 불어넣으면서도 현지 시장을 위해 인도의 뿌리에 초점을 맞춘 진의 이야기를 풀어낼 수 있을 정도로는 충분히 고전적인 느낌을 준다. 인도 시장은 잠재적으로 거대하지만 이 진은 그보다도 훨씬 더 멀리 퍼질 만한 가치가 있다. 맛있고 균형 잡히면서도 고전적이고 진부하지 않아 진토닉이나 드라이 마티니(131쪽)에도 잘 어울린다.

하이트 오브 애로우스

43% ABV

스코틀랜드 에든버러

풍미

하이트 오브 애로우스는 얼마나 많은 재료를 넣었는가가 아니라 얼마나 적게 넣었는지에 주목하게 되는 것이 특징인 진 중 하나다. 오직 주니퍼만을 사용하며, 천일염과 밀랍으로 모든 종류의 풍미를 이끌어낸다. 코끝에서 부드러운 레몬 향과 함께 수지 향이 느껴지고, 따뜻하고 달콤한 깊은 향이 아주 살짝 은은하게 감돈다. 미각에서는 주니퍼 향이 다시 느껴지지만 로즈메리와 라벤더, 아니스를 거쳐 부드러운 허브 향으로 마무리된다.

솔직히 이 모든 일을 어떻게 해낸 것인지 잘 모르겠지만, 증류계의 연금술적 뿌리를 이어가고 있다고 주장할 수 있는 곳이 있다면 아마도 이곳일 것이다. 깁슨(134쪽)으로 만들어 마셔보자.

헤플

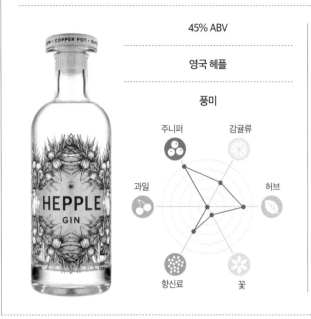

45% ABV

영국 헤플

풍미

주니퍼
감귤류
허브
과일
꽃
향신료

최고의 진 중 하나다. 흙 향기가 감도는 주니퍼가 노섬벌랜드 황무지의 풀과 이끼 향을 이끈다. 짭짤하고 달콤한 습지 머틀에서 다시 블랙커런트로 이어진다. 입안에서는 펜넬과 전나무, 코리앤더, 러비지 향이 느껴지다가 헤플 영지에서 수확한 신선하고 덜 익은 주니퍼베리에서 비롯된 삼나무와 샌들우드 향으로 마무리된다.

증류사 크리스 가든(전 십스미스)은 단식 증류와 진공 증류, 초임계 추출(64~65쪽)을 통해 12종의 식물 재료에서 최고의 향을 이끌어낸다. 그 결과 영혼에 황야 지대를 새기는 듯한 효과를 준다. 놀라울 뿐이다. 고전적이면서도 모던하고 고요하게 복합적인 풍미를 선보이며, 어떻게 마셔도 맛있지만 마티니(130~131쪽)로 만들면 마시다 죽어도 모를 정도다.

에르노 네이비 스트렝스

57% ABV

스웨덴 달라

풍미

주니퍼
감귤류
허브
과일
꽃
향신료

스웨덴 최초의 진 증류소에서 만드는 네이비 스트렝스 진으로 대담하고 상쾌한 주니퍼와 흙 향이 나는 후추, 신선한 메도스위트 향이 사랑스럽게 어우러진다. 여기에 바닐라가 들어가 부드러운 달콤함을 더하며, 링곤베리도 들어간다. 탑 노트에서 레몬이 통통 튀며 훌륭한 감귤류 풍미로 모든 향을 끌어올리는 덕분에 다른 뱃사람의 스피릿에 비해서 다소 현대적인 느낌을 주는 네이비 스트렝스 진이다.

강도가 높은 만큼 강렬한 펀치감이 느껴지지만 곧 따뜻하고 기분 좋은 느낌으로 가라앉는다. 토닉으로 희석해서 최상의 상태로 즐겨보자.

하이클레어 캐슬 런던 드라이

43.5% ABV

영국 하이클레어

풍미

주니퍼 / 감귤류 / 허브 / 꽃 / 향신료 / 과일

옛 '어머니의 파멸'과는 거리가 먼 이 진은 가난을 잊기 위한 술보다는 영국 상류층이 즐기는 술에 가깝다(미국인 스피릿 사업가인 애덤 폰 굿킨도 여기 추가된다). 카나본 백작 부부의 고향인 '진짜 다운튼 애비'에서 유래한 술로 최고 수준의 접대용으로 그 명성을 떨치고 있다.

니트로 깔끔하게 마시면 살짝 열감이 느껴지지만 토닉을 섞으면 흙 향기와 아로마틱한 베이스, 안젤리카와 부드러운 카다멈에 라벤더가 가미된 알토 음역, 감귤류와 주니퍼의 소프라노가 어우러져 매력적이다.

젠슨스 버몬지 드라이

43% ABV

영국 런던

풍미

주니퍼 / 감귤류 / 허브 / 꽃 / 향신료 / 과일

버몬지는 런던 브리지와 버러마켓의 남동쪽에 자리하고 있다. 크리스찬 젠슨이 1980년대와 1990년대의 형편없고 상상력이 빈곤한 진에 대한 반작용으로 만들어낸 진이다. 당시 버몬지에서 구할 수 있던 재료를 바탕으로 1920년대의 레시피를 이용해 템스 디스틸러스의 찰스 맥스웰과 함께 개발했다.

코끝에 은은하고 끈질긴 주니퍼의 소나무 향이 주도권을 잡은 클래식한 흙 향기로 균형이 잡힌 첫 풍미가 감돈다. 입안에서 꽃 향과 흙 향이 이어지다가 뿌리 향과 단맛으로 바뀐 다음 주니퍼와 감귤류가 이 모든 풍미를 확 끌어올린다. 진정한 '진다운 맛'을 느낄 수 있는 진이다.

주니페로

49.3% ABV

미국 샌프란시스코

풍미

주니퍼　감귤류
과일　허브
향신료　꽃

미국 크래프트 증류주의 선구자 중 하나로 어느덧 출시 30주년을 맞이하고 있다. 1996년 출시 이후 진의 세계에 많은 변화가 일어나 요즘에는 다른 진에 비해 꽤나 클래식한 맛이 느껴지지만 표준적인 런던 드라이는 아니다. 주니퍼 나무 향이 강해지고 허브 향도 강하다.

코리앤더와 카다멈 향이 춤을 추는 가운데 들어가지도 않은 레몬그라스가 연상된다. 입안에서 복합적인 맛을 느낄 수 있으며 니트로 마셔도 그 강도에 비해 놀라울 정도로 부드럽다. 모든 면에서 펀치력이 뛰어나다.

마틴 밀러스

40% ABV

영국 런던

풍미

주니퍼　감귤류
과일　허브
향신료　꽃

나는 진을 맛볼 때마다 점수를 매긴다. 점수가 상당히 올라가면 '이보다 더 좋을 수 있을까?' 하고 스스로 자문한다. 더 이상 떠오르는 진이 없다면 최고점을 매긴다. 최고점. 만점. 이 진이 바로 그런 진이다. 가볍고 균형 잡힌 맛이지만 감초와 레몬이 춤추는 가운데 너트맥과 아이리스가 지나가고 햇살이 내려다보듯이 오이 맛이 느껴지는 더없이 복합적인 진이다.

입안에서 매끄럽게 지나가면서 처음에는 단맛과 허브 향이, 이어서 오리스와 아이리스의 꽃 향으로 감싼 따뜻한 뿌리와 향신료 풍미가 떠오르고 나무와 말린 향신료, 소나무, 안젤리카, 감초, 레몬의 복합적이고 긴 여운이 감돈다. 모던 클래식이다.

플리머스 진

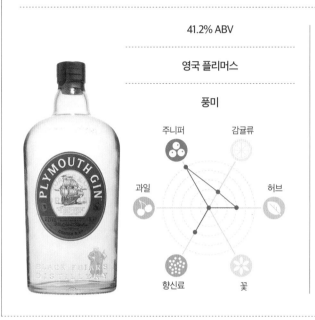

41.2% ABV

영국 플리머스

풍미

런던 드라이보다 부드러우며 뻣뻣한 주니퍼의 소나무와 흙 향기, 향기로운 카다멈과 코리앤더 향이 코끝을 자극한다. 질감은 부드럽고 크리미하다. 오렌지 향이 잠깐 스쳐 지나간 후 부드러운 뿌리 허브 향에 이어 다시 주니퍼 향이 이어진다. 살짝 달콤하다. 오프-드라이에 가깝다. 실제로는 달지 않지만 드라이한 정도에서는 벗어나 단맛으로 향하려고 한다.

안젤리카를 비롯해 주니퍼 나무와 소나무 향으로 구성된 길고 드라이한 여운이 특징이지만 토닉을 섞으면 코리앤더와 레몬, 오렌지가 더 두드러진다. 활용도가 매우 높은 클래식 진으로 칵테일 애호가라면 꼭 한번 마셔보는 것이 좋다.

프로세라 그린 도트

47% ABV

케냐 나이로비

풍미

주니퍼에 대한 러브 레터이자 주니퍼의 모든 풍미를 탐구한 칵테일이다. 일반 주니퍼도 포함되어 있지만 주인공은 남반구에 서식하는 유일한 주니퍼인 주니페루스 프로세라(아프리카 연필향나무)다. 코부터 꼬리까지 남김없이 먹는 식습관을 추구하는 사람이라면 이 증류소 특유의 잎(어린 끝부분만)부터 열매(신선한 것과 말린 것), 볶은 심재에 이르기까지 주니퍼의 다양한 풍미를 선사하는 방식에 감동하게 될 것이다.

2022년 빈티지에서는 코끝에 감도는 부드러운 주니퍼의 흙 향기와 함께 고소한 향, 차와 같은 깊은 허브 향, 가벼운 나무 향이 베이스 노트로 느껴진다. 입안에서는 소나무와 풀 향이 느껴지며 나무를 거쳐 수지 향과 함께 기름진 여운으로 마무리된다.

십스미스 VJOP

57.7% ABV

영국 런던

풍미

주니퍼 / 감귤류 / 과일 / 허브 / 향신료 / 꽃

VJOP는 '아주 주니퍼다운 오버 프루프'의 약자로 확실히 그 뜻에 부합하는 진이다. 십스미스는 이 진에 런던 드라이 진에 비해 두 배에 가까운 양의 주니퍼를 사용한다. 그 결과 입안에서 크고 대담한 주니퍼 파티가 펼쳐지지만 그 아래로 기분 좋은 복합적인 향이 감돈다.

주니퍼와 나무 향이 지배적인 가운데 오렌지 제스트와 코리앤더가 은은하게 퍼진다. 입안에서 안젤리카와 진한 향신료 향이 감돌고 토닉을 섞으면 레몬 머랭 파이의 풍미가 느껴진다. 주니퍼가 석양 속으로 사라지는 듯한 길고 드라이한 나무 향 여운이 이어진다. 끝내주는 네그로니(142쪽)를 만들 수 있는 진이다.

탱커레이 런던 드라이

유럽 43.1% ABV, 미국 47.3% ABV

스코틀랜드 캐머런 브리지

풍미

주니퍼 / 감귤류 / 과일 / 허브 / 향신료 / 꽃

클래식하면서 둥글고 균형 잡힌 훌륭한 맛을 선사하는, 진의 파도가 소용돌이치는 바위와 같다. 모든 주방과 바에서 한 자리를 차지할 만한 진을 손에 넣기 위해 많은 돈을 쓸 필요가 없다는 증거다.

가장 주니퍼다운 주니퍼 향이 감귤류 향의 코리앤더와 함께 코끝에 감돈다. 입안에서는 안젤리카가 주니퍼와 함께 거의 한 몸이 된 듯 어우러지며 특유의 나무 향과 감미로움을 선사한다. 감초는 약간의 단맛과 함께 깊이를 더한다. 코리앤더와 소나무, 기분 좋은 알코올의 따뜻한 느낌이 길고 드라이한 여운을 조성한다. 진토닉으로도 훌륭하지만 칵테일용으로는 탱커레이 넘버텐(173쪽)을 더 추천한다.

타르퀸스 코니시 드라이

42% ABV

영국 세인트 에르반

풍미

주니퍼 · 감귤류 · 허브 · 꽃 · 향신료 · 과일

클래식한 런던 드라이의 풍미에 자몽과 바이올렛 향이 살짝 가미되어 독특함을 선사하며 토닉을 섞으면 훨씬 특징이 두드러진다. 밀 기반의 중성 스피릿에 12종의 식물 재료를 섞어 만드는데 자몽과 바이올렛 외에는 눈에 띄는 것이 없다.

최소한 요즘 시대에 미루어 보면 증류사가 250리터들이 구리 단식 증류기 3개를 직화로 가열하면서 접합부를 빵 반죽으로 밀봉한다는 점이 살짝 특이하다. 맛에 어떤 영향을 미치는 작업인지는 모르겠지만 맛있는 진이니 나쁜 영향은 없으리라고 본다.

요크 진 올드 톰

42.5% ABV

영국 요크

풍미

주니퍼 · 감귤류 · 허브 · 꽃 · 향신료 · 과일

정말 놀랍다. 화이트 알바 장미와 브론즈 펜넬, 팔각, 안젤리카, 핑크 페퍼를 가미한 설탕 시럽으로 아주 살짝만 단맛을 내서 실크처럼 우아한 질감이 두드러지는 올드 톰이다.

아로마는 아니스와 시나몬으로 시작해 흙 향기가 감도는 꽃 향으로 이어진다. 입안에서는 주니퍼와 시나몬이 다시 올라온다. 풀 향이 꽃 향과 함께 퍼지다가 카다멈이 물결처럼 밀려온 다음 후추 향으로 바뀐다. 긴 여운에서 흙과 향신료 풍미가 느껴진다. 토닉과 함께 마셔도 좋지만 마티네즈(141쪽)를 만들면 더욱 좋다.

감귤류 향 진

거의 모든 진에는 다른 식물 성분을 두드러지게 하는 감귤류 향이 존재한다. 이 분류에 속하는 진의 공통점은 진의 풍미 프로필을 강렬한 감귤류 향이 이끌어 간다는 것이다. 새콤하고 상큼한 진도 있고 진하면서 과일 향이 강한 진도 있다.

식물 재료

오렌지, 레몬, 라임, 자몽이 많이 들어간다. 불수감과 달란단, 칼라만시, 금귤 등 이국적인 감귤류도 찾아볼 수 있다. 일본에서는 서양에서도 익숙해지기 시작한 유자와 더불어 히라도분탄, 카보스, 코미칸, 나츠다이다이 등을 사용한다.

불수감

달란단

칼라만시

금귤

유자

믹서	가니시	칵테일	기타 추천 진
프랭클린 앤 선스 로즈메리 토닉 워터 위드 블랙 올리브 **롱 레이스 프리미엄** 오스트레일리안 퍼시픽 토닉 **런던 에센스** 그레이프프루트 앤 로즈메리 토닉 워터	타임 민트 오이	브롱크스(127쪽) 줄리엣과 로미오(139쪽) 20세기(147쪽)	비피터 크라운 주얼 봄베이 사파이어 프리미어 크뤼 코마사 진 사쿠라지마 코미칸

아크 아키펠라고 보태니컬

45% ABV

필리핀 칼람바

풍미

주니퍼   감귤류

과일   허브

향신료   꽃

감귤류 향이지만 적어도 서양에서 나고 자란 사람에게 익숙한 감귤류는 아니다. 하지만 필리핀에서 생산되는 진이니 필리핀 사람에게는 달란단의 풍미가 친숙할 것이다.

감귤류의 향이 일랑일랑과 아라비안 재스민(삼파기타), 카미아 꽃의 꽃 향과 함께 풍미를 이끌어 간다. 입안에서 느껴지는 나무 향 베이스가 이 모든 향이 텁텁해지는 것을 막아주고 아주 기분 좋은 진을 완성한다. 사용되는 식물 총 28종 중 22종은 필리핀 전역에서 채집해 사용한다. 일부는 본체에 바로 넣고 일부는 증기로 주입한다.

브라이튼 진 파빌리온 스트렝스

40% ABV

영국 브라이튼

풍미

주니퍼   감귤류

과일   허브

향신료   꽃

감귤류 향과 은은하고 달콤한 꽃과 밀크시슬 향이 주를 이루는 부드럽고 균형 잡힌 진이다. 균형을 잡아주는 향신료를 아주 살짝 가미하고 주니퍼도 딱 적당히 들어 있다. 코끝에서 라임껍질 향이 가장 먼저 느껴지지만 토닉을 섞으면 오렌지 향으로 넘어가는데, 사실 두 가지 재료가 모두 들어간다.

브라이튼 진의 설립자인 캐시 캐튼은 오렌지 슬라이스로 장식하면 아주 훌륭한 진토닉이 되는 진이라고 설명한다. 한 가지 주의할 점이 있다면 토닉을 신중하게 골라야 한다는 것이다. 이 부드러운 진에 너무 달거나 다른 풍미가 매우 강한 토닉을 붓는 것은 큰 실수라 할 수 있다(112~113, 214~215쪽).

브루클린 진

40% ABV

미국 뉴욕

풍미

주니퍼 · 감귤류 · 허브 · 꽃 · 향신료 · 과일

이 진을 만드는 증류사는 말린 것 대신 신선한 주니퍼베리를 손으로 으깬 다음 역시 말린 것이나 농축액 대신 신선한 감귤류 4종을 잘게 썰어 넣는다. 그 결과 주니퍼와 라벤더의 나무 향과 장뇌 향, 꽃 향 위로 과일 향이 겹겹이 쌓인 상쾌하고 생동감 넘치는 복합적인 진이 탄생했다. 다채로운 감귤류의 산미를 상쇄하기 위해 코코아 닙스도 들어간다.

니트로 마시면 옥수수로 만든 베이스 스피릿의 향이 도드라지지만 토닉으로 희석하는 순간 녹아내린다. 비즈 니즈(124쪽)를 만들거나 동량의 비율로 마티니(130~131쪽)를 만들어 마셔보자.

드럼샨보 건파우더 아이리시 진

43% ABV

아일랜드 드럼샨보

풍미

주니퍼 · 감귤류 · 허브 · 꽃 · 향신료 · 과일

인기가 높은 진인데 또 그럴 만한 이유가 있다. 식물 재료가 사랑스럽게 균형을 이루면서 둥글고 풍미가 뛰어난 스피릿을 완성해 토닉과도 잘 어울리고 칵테일로 만들기도 좋다.

향은 깨끗하고 가벼우면서도 복합적이다. 감귤류와 소나무 향이 먼저 느껴지고 작은 공 모양으로 말린 잎 모양이 화약과 비슷하다고 해서 '건파우더 티'라고 불리는 녹차의 흙과 허브 향이 따라온다. 그다음으로 캐러웨이와 자몽이 후추의 짜릿한 향과 함께 올라온다. 향기로운 향신료를 비롯해 따뜻한 카다멈과 안젤리카 풍미가 입안을 맴돈다.

헤이먼스 이그조틱 시트러스

41.1% ABV

영국 런던

풍미

주니퍼 / 감귤류 / 과일 / 허브 / 향신료 / 꽃

분명 비밀이 숨어 있을 것 같은 진이다. 헤이먼스는 어쩌면 이렇게 상쾌하고 활기차면서도 깊이 있는 진을 만들어낸 걸까? 풍성한 과즙 같은 과일 향으로 시작해서 금귤과 만다린, 포멜로, 페르시안 라임 향이 한 번에 두 가지 방향으로 터져 나온다. 한쪽은 껍질과 제스트, 오일처럼 공기 중으로 흩어진다. 다른 한쪽은 잘 익은 시럽과 끈적끈적한 푸딩처럼 사랑스럽게 파고든다.

부드럽고 산뜻한 여운에 이어 풍미 짙은 끝맛이 길게 감돈다. 감귤류 향이 주를 이루지만 진다운 풍미는 전체적으로 놓치지 않는다. 진정한 승자다.

린드 앤 라임

40% ABV

스코틀랜드 에든버러

풍미

주니퍼 / 감귤류 / 과일 / 허브 / 향신료 / 꽃

이 밝고 신선하며 현대적인 진에는 사랑스럽고 단순한 면이 있다. 현대의 기준으로는 그리 많지 않은 일곱 가지 식물 재료를 사용하지만 모두 함께 어우러져서 입안에 깔끔하고 뚜렷한 풍미를 선사한다. 주니퍼와 핑크 페퍼, 라임이 메인 노트를 이루고 코리앤더와 안젤리카, 감초, 오리스 뿌리가 이를 뒷받침한다. 특히 핑크 페퍼와 라임이 처음부터 끝까지 이어지면서 끝내주는 하모니를 선사한다.

어떤 진은 토닉을 넣으면 맛이 살짝 사라지는데, 이 진은 오히려 풍미가 훨씬 두드러진다. 증류사가 어떤 조화를 부린 것인지 알 수 없지만 정말 훌륭하다.

니카 코페이

47% ABV

일본 미야기쿄

풍미

주니퍼 / 감귤류 / 허브 / 꽃 / 향신료 / 과일

맛 다이어그램만 보면 상당히 거칠어 보인다. 하지만 높은 점수는 강도가 아니라 명확성을 나타내므로 여기서는 맛이 잘 정리되어 있다고 생각해야 한다. 독특하고 섬세하면서 맛있는 진이다. 아마나츠와 카보스, 유자(다양한 감귤류), 시쿠와사(히라미 레몬), 산초 등 전통적인 식물 재료와 일본 재료가 섞여 있다.

감귤류와 허브 향으로 시작해 가벼운 후추 향이 발달하면서 사과로 인한 꽃향기에 가까운 과일 향으로 마무리된다. 1960년대에 일본에 수입된 정통 코페이 증류기(52쪽)로 증류해 부드러운 질감을 느낄 수 있다.

옥슬레이 런던 드라이

47% ABV

영국 런던

풍미

주니퍼 / 감귤류 / 허브 / 꽃 / 향신료 / 과일

(내가 아는 한) 최초로 열을 전혀 가하지 않고 증류한 진이다. 영하의 온도에서 진공 증류기를 통해 증류하는데, 번거롭게 들릴 수 있지만 식물 재료를 '익힐' 위험이 전혀 없다. 코코아와 너트맥, 바닐라, 메도스위트 등을 사용한다. 진정한 주인공은 처음부터 향을 주도하는 '신선 동결' 오렌지와 레몬, 자몽껍질이다.

시간을 들여서 음미하면 크리미한 바닐라와 건초 향이 코리앤더와 주니퍼 향에 어우러지며 복합적인 풍미가 느껴진다. 입안에서는 흙과 뿌리 향이 퍼지고, 따뜻한 후추 향이 쌓이다가 상큼한 감귤류 오일이 다시 스쳐 지나간다.

팔마

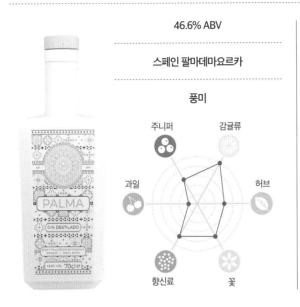

46.6% ABV

스페인 팔마데마요르카

풍미

주니퍼 · 감귤류 · 과일 · 허브 · 향신료 · 꽃

다양한 풍미 그룹에 속할 수 있는 진이지만 나에게는 깊고 풍성한 감귤류 오일 풍미가 가장 강렬하게 느껴진다. 마요르카 오렌지와 레몬, 라임이 제 역할을 톡톡히 하니 어쩌면 당연한 결과일지도 모른다. 루바브 뿌리와 아몬드 꽃, 라벤더, 그리고 천재적인 감각으로 토마토 가지까지 담아냈다.

신선하고 활기찬 향을 맡으면 라임과 주니퍼, 흙과 나무 향이 나는 라벤더로 빛나는 환한 햇볕 가득한 마당이 떠오른다. 지중해의 더위에 어깨가 풀어지는 것을 느끼며 한 모금 머금으면 달콤하고 은은한 향신료, 꿀이 가미된 꽃 향, 주니퍼와 흙 향신료의 긴 여운이 맴돈다. 얼굴에 내리쬐는 태양처럼 감귤류 오일이 마법의 힘을 발휘한다. 축복 같은 풍미다.

록 로즈 핑크 그레이프프루트 올드 톰

41.5% ABV

스코틀랜드 더넷

풍미

주니퍼 · 감귤류 · 과일 · 허브 · 향신료 · 꽃

엘리자베스와 마거릿이라는 이름이 붙은 2개의 존 도어 증류기로 만든 균형이 아주 잘 잡힌 진이다. 올드 톰이지만 너무 달지 않고 감귤류 향이 가득하면서 너무 새콤하지 않으며, 베리류와 뿌리가 잔뜩 들어갔지만 그럼에도 주니퍼가 빛을 발한다. 증류할 때마다 500리터씩만 생산하며 모두 손으로 직접 채우고 밀봉해 서명한다. 빈티지와 배치 넘버도 확인할 수 있다. 내가 맛본 것은 배치 9번이었다.

핑크 자몽과 주니퍼 향이 섬세하게 균형을 이루면서 상큼한 향을 풍긴다. 입안에서는 훨씬 깊은 맛과 단맛이 느껴지고 주니퍼와 감귤류 향이 감도는 따뜻한 여운으로 이어진다. 토닉을 가미하면 자몽 향이 훨씬 깊고 부드러워진다.

세이크리드 핑크 그레이프프루트

43.8% ABV

영국 런던

풍미

주니퍼 · 감귤류 · 허브 · 꽃 · 향신료 · 과일

니트로 마시는 것보다는 진 피즈(137쪽)나 톰 콜린스 같은 칵테일로 만들거나 토닉을 살짝 가미해 맛을 일깨우는 것을 추천한다. 토닉을 위해 만들어진 진이다.

희석하면(루칭 현상이 일어난다. 62~63쪽) 코와 입안에서 상큼하고 기름지며 화사한 핑크 자몽 향이 터져 나온다. 껍질부터 속살까지, 그리고 자몽의 반짝이는 분홍색 과육까지 온전히 느껴지는 풍미에 약간의 카다멈과 소나무 향이 든든하게 뒷받침한다. 유향 등의 다른 식물 재료도 들어 있지만 그저 자몽을 돋보이게 하는 무대 장치에 불과하다.

사일런트 풀 레어 시트러스

43% ABV

영국 앨버리

풍미

주니퍼 · 감귤류 · 허브 · 꽃 · 향신료 · 과일

많은 것이 느껴지는 진이다. 정말로 많은 향이 오간다. 21종의 식물을 사용하며 일부는 증류기에, 일부는 바스켓에 담아서 증기로 주입한다. 그리고 나츠다이다이, 히라도 분탄, 이름의 유래가 된 희귀한 감귤류인 불수감, 세빌 오렌지의 네 종류 과일을 따로 증류해 섞었다.

감귤류 향이 산초와 야생 포레스트 페퍼, 보아치페리페리 페퍼의 매콤한 향신료 풍미와 균형을 이룬다. 달콤하고 상큼한 감귤류, 화사하고 따스한 후추, 은은한 주니퍼, 라벤더 향이 어우러져 맛있는 정수를 만들어낸다.

탱커레이 넘버텐

47.3% ABV

스코틀랜드 캐머런 브리지

풍미

탱커레이 런던 드라이 진(164쪽)이 훌륭한 진을 위해 돈을 많이 쓸 필요가 없다는 점을 증명했다면, 넘버텐 진은 돈을 투자하면 무엇을 얻을 수 있는지 보여준다. 진정으로 영광스러운 맛이다.

주된 풍미인 감귤류 향은 신선한 오렌지와 라임, 자몽을 증류한 것이다. 여기에 캐모마일과 4등분한 신선한 라임, 그리고 주니퍼와 안젤리카, 감초, 코리앤더로 구성된 고전적인 탱커레이 믹스를 가미해 재증류한다. 스피릿에서 감귤류 향을 더욱 강조하기 위해 후류를 빨리 걷어낸다. 그 효과를 코에서 곧장 느낄 수 있다. 라임과 자몽이 흙과 꽃 향의 캐모마일과 나무 향 주니퍼 위를 뒤덮는다. 복합적이고 둥글면서 풍성하고 상쾌한 진이다. 거의 모든 칵테일에서 그 누구도 쉽게 이길 수 없는 맛을 보여준다.

와 비

47% ABV

일본 미나미사츠마

풍미

일본 규슈 남서쪽 끝에 자리한 가고시마 근처의 미나미사츠마에서 생산하는 진이다. 주니퍼(알바니아와 북마케도니아에서 수입)를 제외한 모든 식물은 현지에서 구한다. 헤츠카 다이다이(비터 오렌지의 일종), 유자, 금귤, 계피 잎, 껍질생강(알피니아 제룸벳), 녹차, 시소(박하과에 속하는 곱슬깻잎 종류로 일본 토종 식물) 등을 사용한다.

부드러운 주니퍼와 시소의 가벼운 허브와 풀, 민트 향이 꽃 향과 향기로운 감귤류 풍미를 뒷받침하는 진이다. 입안에서는 비터 오렌지와 금귤 및 향신료 향이 느껴진 다음 주니퍼와 시소 향이 그 뒤를 잇는다.

허브 향 진

나를 어딘가로 데려다주는 종류의 진이다. 곤충이 날아다니는 지중해의 덤불, 은은한 훈연 녹차 향이 가득한 일본의 찻집, 바람이 부는 헤브리디스 제도의 해변 등이 떠오른다. 항상 허브 향이 가장 위로 떠오르는 스타일이다.

식물 재료

바질과 월계수 잎, 레몬 머틀, 마조람, 로즈메리, 시소, 타임 등 진 제조업체의 증류기에 들어가는 허브의 종류는 매우 다양하다. 여러 종류의 녹차도 찾아볼 수 있다. 허브는 아니지만 그 향이 느껴지는 오이와 펜넬도 사용된다.

바질

월계수 잎

시소

레몬 머틀

로즈메리

믹서	가니시	칵테일	기타 추천 진
피버-트리 아로마틱 토닉 워터 프랭클린 앤 선스 로즈메리 앤 블랙 올리브 스트레인지러브 더티 토닉 워터	사과 월계수 잎 로즈메리	비쥬(125쪽) 잉글리시 가든(132쪽) 진 피즈(137쪽)	큐로 바라 하이 데저트 와이 밸리

135° 이스트 효고 드라이

42% ABV

일본 아카시

풍미

주니퍼
감귤류
과일
허브
향신료
꽃

전통 식물 재료에 유자와 시소, 산초, 센차 등 일본 고유의 재료와 사케 증류액을 섞어 만든 진이다. 일부 또는 전부(확실하지 않다)를 진공 증류해서 밝고 가벼우면서 신선한 풀 향이 느껴지는 진이 탄생했다.

감귤류와 향신료의 혼합으로 시작해 허브와 녹차 향으로 발전하면서 절정에 달한 다음 섬세한 여운이 남는다. 희석하면 부드럽고 향긋한 향신료 향과 후추의 쌉싸름한 향이 여운을 더욱 풍성하게 만든다. 이국적인 풍미가 느껴지지만 덧입혔다기보다 자연스럽게 스며든 느낌이다. 강도에 비해 부드럽기도 하다.

코닙션 아메리칸 드라이

44% ABV

미국 노스캐롤라이나 더럼

풍미

주니퍼
감귤류
과일
허브
향신료
꽃

여러 가지로 특별하다. 우선 밀이나 호밀, 보리가 아니라 옥수수 스피릿으로 만든다. 제조 방법도 다소 특이하다. 주니퍼와 코리앤더, 안젤리카, 캐러웨이, 카다멈을 증기로 주입한다. 그런 다음 감귤류의 껍질과 오이, 무화과, 인동덩굴을 개별적으로 진공 증류한다. 사용하는 식물 재료나 방법이 개별적으로 봐서는 특별할 것이 없지만 그렇게 평범함에서 살짝 벗어난 재료를 착착 쌓아올렸다.

그 결과는 엄청나게 맛있다. 오이와 카다멈, 캐러웨이 위에 주니퍼와 코리앤더가 어우러진 허브 향이 느껴진다. 입안에서는 나무 향 안젤리카 위로 오이와 오렌지가 더해지면서 같은 느낌을 선사한다. 비즈 니즈(124쪽)로 만들어보자.

코츠월드 드라이

46% ABV

영국 스터틴

풍미

주니퍼 · 감귤류 · 허브 · 꽃 · 향신료 · 과일

희석하면 루칭 현상(62~63쪽)이 일어날 정도로 식물 재료가 풍성하게 들어간 진이다. 나쁜 의미가 아니라 향을 내는 에센셜 오일이 아주 가득 들어 있다는 뜻이다. 한 모금 마셔보면 무슨 말인지 알 수 있을 것이다.

흑후추와 카다멈, 자몽에 이어서 주니퍼가 코끝을 자극한다. 자몽과 라벤더가 입안을 부드럽게 감싸고, 월계수 잎과 카다멈의 따뜻한 뿌리 느낌의 풍미가 따라온다. 주니퍼와 라벤더, 라임의 여운이 마무리를 짓는다. 전반적으로 허브 향과 흙 향기가 정점을 이루며 훌륭한 복합성과 균형감을 자랑한다. 토닉과도 잘 어울린다. 월계수 잎과 자몽 슬라이스로 장식해 즐겨보자.

데스 도어

47% ABV

미국 케임브리지

풍미

주니퍼 · 감귤류 · 허브 · 꽃 · 향신료 · 과일

데스 도어는 주니퍼와 코리앤더, 펜넬 등 단 세 가지 식물만으로 만든다. 각각 일부는 증류기에, 일부는 증기 주입 바스켓에 넣는다. 전체적으로 허브 향이 느껴지지만 코리앤더의 감귤류, 펜넬의 아니스, 주니퍼의 나무 향 등 다양한 풍미가 섞여 있다.

알코올의 뜨거운 느낌도 따라오지만 이 정도 도수라면 예상할 수 있을 정도다. 입안에서 모든 풍미가 최고의 친구가 되고 싶다고 강렬함을 자랑한다. 주니퍼의 소나무 향과 펜넬의 향기로운 허브 향신료 풍미, 코리앤더의 감귤류와 흙 향, 향신료 향이 모두 느껴진다. 그 자체로도 재미있지만 칵테일에 들어가기 위해 탄생했다고 볼 수도 있다. 타고난 운명을 부정하지 말자.

포 필러스 올리브 리프

43.8% ABV

호주 힐스빌

풍미

주니퍼 / 감귤류 / 허브 / 꽃 / 향신료 / 과일

라벨에 올리브 잎과 호주라는 말이 적혀 있다면 화사하고 신선하면서 현대적이고 짭짤한 맛이 느껴지는 진이기를 바라게 된다. 그 모든 점을 충족시키는 진이다. 올리브가 큰 활약을 한다. 잎 자체를 차로 우려내 녹색 풀 향과 은은한 타닌감을 더했다. 여기에 피쿠알과 호지블랑카, 코라티나의 세 가지 품종 엑스트라 버진 올리브 오일을 넣었다.

코끝에서 올리브 향이 먼저 느껴지고 레몬 버베나의 허브와 감귤류 풍미가 빠르게 이어지면서 견과류의 달콤함과 월계수 잎의 은은한 향이 깔린다. 자몽과 라벤더가 입안을 상쾌하게 만들어 너무 무겁지 않게 느껴진다.

진 마레

42.7% ABV

스페인 빌라노바이라헬트루

풍미

주니퍼 / 감귤류 / 허브 / 꽃 / 향신료 / 과일

증류사가 증류하기 전에 비터 오렌지와 스위트 오렌지의 껍질을 현지에서 수확한 레몬과 함께 중성 밀 스피릿에 담가두고 1년간 숙성시킨다고 한다. 그런 점을 고려하면 감귤류 향이 지배적일 것 같지만 그보다는 허브가 주를 이룬다.

바질과 로즈메리, 타임이 처음부터 끝까지 서로를 리드하면서 춤추는 듯한 느낌을 준다. 토닉을 더하면 허브 향이 구분되면서 바질이 먼저 빛을 발했다가 나무 향 허브가 마무리를 담당한다. 코끝에서 아르베키나 올리브가 눈에 띄게 두드러지다가 끝맛 즈음에 다시 등장한다. 주니퍼는 살짝 밀려난 느낌이다.

키 노 티 교토 드라이

45.1% ABV

일본 교토

풍미

교토 증류소가 차 재배업체인 호리이 시치메이엔과 협력해 1300년대부터 이어진 오쿠노야마 차밭에서 수확한 두 가지 차를 이용해 생산한 진이다. 텐차가 화사한 녹색 말차의 풍미를, 교쿠로가 고소한 풍미와 함께 깊은 여운을 더한다. 여기에 유자와 아카마츠(일본 적송)가 결합해 훌륭한 진이 완성된다.

처음에는 허브 향이 느껴지지만 시간이 지나면서 일본소주 베이스 스피릿(67쪽)과 유자 향이 더해진 깊고 복합적인 풍미가 드러난다. 입안에서 부드럽고 거의 단맛에 가까운 말차와 향기롭고 산뜻한 유자, 아카마츠의 소나무, 주니퍼 향이 느껴진다. 볶은 녹차 향과 함께 은은하고 긴 여운이 남는다. 완전한 즐거움이란 바로 이런 것이다.

코마사 진 호지차

45% ABV

일본 히오키

풍미

상당히 놀라운 진이다. 복합적이고 조금 까다롭기는 하지만 상당히 마음에 든다. 볶아서 쓴맛을 없앤 녹차인 호지차가 풋내와 훈연 향, 거의 요오드화된 향을 지배하다시피 한다. 어느 정도는 녹차, 그리고 나머지는 해초인 김으로 이루어진 것 같다. 그다음으로 소나무와 주니퍼의 나무 향이 이어진다.

녹차의 진한 훈연 향이 코리앤더 및 허브 향과 어우러지며 입안에 선명하게 다가온다. 감초가 감도는 여운이 오래 이어진다. 베이스 스피릿은 현지의 일본소주(67쪽)이며 식물 재료를 따로 가미해서 우려내 최상의 풍미만을 추출해낸다.

메디테라니언 진 바이 레우베

41.5% ABV

프랑스 봄-레-미모사

풍미

식물 재료를 따로 증류하는 것이 이런 효과를 준다면 나는 전적으로 찬성한다. 깊은 풍미가 마음속 깊은 곳까지 전달된다. 향이 뚜렷하면서 서로 애매하게 얽히지 않는다. 로즈메리와 올리브, 오렌지 향이 어우러진 향이 나를 순식간에 햇볕이 따뜻하게 내리쬐는 가리그 지방으로 데려간다. 입안에서의 느낌은, 그저 맛있다. 로즈메리와 오렌지 향이 느껴지면서 그 위로 꽃 향이 얼굴을 내밀고 주니퍼로 이어지는 부드럽고 따스한 허브 향이 감돈다.

펜넬과 로즈메리, 멘톨의 여운이 길게 남는다. 토닉을 가미하면 이 모든 맛이 부드러워지면서 가벼운 감귤류와 꽃 향이 제 역할을 하게 된다. 놀라울 정도로 훌륭하다.

온디나

45% ABV

이탈리아

풍미

캄파리 그룹의 프리미엄 이탈리아 진으로 제조되는 장소와 방식이 철저히 베일에 싸여 있다. 알려진 것은 주니퍼와 바질, 펜넬 씨, 마조람, 너트맥, 오렌지, 레몬 등 19종의 식물 재료를 사용한다는 것뿐이다.

바질과 펜넬, 그리고 타임인 듯한 허브 향이 더해져 가볍고 상쾌하다. 오렌지 산미의 강렬하고 밝은 풍미가 흥미로운 느낌을 선사한다. 흙 향기와 향기로우면서도 따뜻한 풍미로 이루어진 베이스가 콧노래를 부른다. 토닉을 가미하면 멋지게 향이 열리면서 허브 풍미가 훨씬 뚜렷해진다. 전체적으로 균형이 잘 잡혀 있다. 허브가 고성을 내지르는 대신 조용히 제 주장을 이어간다. 제조사를 생각해보면 네그로니(142쪽)를 만드는 것이 당연한 진이다.

로쿠

47% ABV

일본 오사카

풍미

'로쿠'는 일본어로 '여섯'이라는 뜻으로 산초와 유자껍질, 벚꽃, 벚나무 잎, 두 종류의 녹차(센차와 옥로) 등 진을 만드는 데 들어간 여섯 종류의 일본 식물 재료를 반영한 이름이다.

허브티와 감귤류의 향이 코끝에 감돈다. 그 아래로 훈연 향 후추와 가벼운 꽃향기가 느껴진다. 모든 것이 아름다운 균형을 이루고 있다. 미각은 유자와 주니퍼, 녹차의 물결로 시작해 가벼운 허브의 쓴맛과 자몽껍질 맛이 더해지면서 절정을 이룬다(전혀 들어가지 않은 재료들이다. 내 생각에는 비터 오렌지와 유자를 섞은 듯하다). 주니퍼의 소나무 향과 향긋한 벚꽃 향이 깔끔한 마무리를 담당한다.

세븐 힐스 VII 이탈리안 드라이

43% ABV

이탈리아 몬칼리에리

풍미

언덕이 7개라니, 로마를 의미하는 것이 분명하다고 생각했다. 하지만 알고 보니 피에몬테의 토리노 지방 근처에서 증류한 진이었다. 적어도 이 안에 들어 있는 캐모마일은 로마산이 틀림없을 것이다. 여기에 6개를 더해 총 7개가 되는(아마 여기서 이름을 따온 것으로 추측된다) 나머지 재료는 주니퍼와 셀러리, 로즈힙, 석류, 블러드 오렌지, 아티초크로 모두 65℃에서 진공 증류한다.

다소 풍부하면서 섬세한 독특한 풍미 프로필을 지니고 있다. 코끝에서 감귤류와 부드러운 주니퍼의 가벼운 허브 향과 더불어 캐모마일과 로즈힙의 흥미로운 깊이감이 느껴진다. 처음에는 사탕수수 스피릿을 사용했지만 지금은 중성 곡물 스피릿으로 대체했다.

더 보태니스트 아일레이 드라이

46% ABV

스코틀랜드 아일레이 브룩라디

풍미

31종의 식물 재료를 듬뿍 넣은 덕분인지 만들기가 '고통스러울 정도로 오래 걸리는' 진이다. 보통 증류기에 아홉 가지 식물을 넣는다. 세 종류의 민트와 가시금작화, 큰솔나물, 쑥국화, 스위트 시슬리 등 기타 재료는 증기로 주입한다. 내 요점은 바로 이것이다. 천천히 시간을 들여 맛보자는 것. 많은 재료가 들어간 진치고는 신기할 정도로 섬세하지만 오랫동안 음미하면 그 보상을 받을 수 있다.

부드러운 감귤류 및 주니퍼와 더불어 꿀과 허브 향이 코끝에서 첫 문을 연다. 이어서 메도스위트와 큰솔나물이 입안에서 부드럽게 퍼지며 조름나물이 솔로를 열창하는 허브 교향곡이 이어진다. 캐모마일과 부드러운 주니퍼, 그리고 훨씬 은은해진 감귤류와 허브 향이 끝맛을 장식한다. 사랑스럽다.

소리게르 마혼

38% ABV

스페인 메노르카 마혼

풍미

뛰어난 역량을 지닌 진이다. 소나무 향 주니퍼가 주를 이루지만 그 아래로 온갖 종류의 맛있는 허브와 부드러운 감귤류 향이 깔려 있다. 이 진이 EU의 지리적 보호 표시(PGI) 지위를 얻기 위해 제출한 세부 정보를 보면, 장작불을 때는 구리 증류기로 생산한다는 사실을 알 수 있다. 또한 일반 주니퍼를 사용한다는 내용도 나온다.

법적으로 향료나 추출물을 첨가하는 것은 금지되어 있지만 증류소 웹사이트에서는 증기 바스켓에 '기타 향기 재료'가 들어간다고 명시되어 있다. 하지만 '철저히 보호되는 비밀'이라고 하니 기타 향기 재료가 다량의 주니퍼가 아니라면, 훌륭한 풍미가 난다는 것 외에는 어떤 일이 더 일어나고 있는지 알 방법이 없다.

꽃향 진

꽃향기라고 하면 6월의 영국 시골 정원이 떠오른다. 이를 정확히 담아낸 진도 몇 가지 소개하고 있지만, 햇살이 가득한 프랑스 남부에서 남아프리카공화국의 핀보스에 이르기까지 다른 풍경도 함께 펼쳐진다.

식물 재료

진에 있어 가장 흔한 꽃향기의 원천은 아마 오리스 뿌리일 것이다. 오리스 뿌리는 많은 진에 향을 고정시키는 역할로 사용되지만 그 자체로도 바이올렛 풍미가 난다. 그 외의 꽃 식물 재료로는 캐모마일과 엘더플라워, 히비스커스, 드라이 플라워, 재스민, 라벤더, 미모사, 장미, 서양톱풀 등이 있다.

오리스 뿌리

미모사

엘더플라워

히비스커스

라벤더

믹서	가니시	칵테일	기타 추천 진
롱 레이스 프리미엄 오스트레일리안 퍼시픽 토닉 **루스콤** 라이트 토닉 워터 **톱 노트** 비터 레몬 토닉 워터	자몽 캐모마일 팔각	에비에이션(123쪽) 비즈 니즈(124쪽) 프렌치 75(133쪽)	애드넘스 코퍼 하우스 블루코트 엘더플라워 리버 테스트 런던 드라이

44°N

44% ABV

프랑스 루르

풍미

주니퍼 · 감귤류 · 허브 · 꽃 · 향신료 · 과일

분명 햇빛을 증류할 방법은 없을 거라고 확신한다. 그러나 44°N의 제조사인 콩테 드 그라스는 어떻게든 해내고 말았다. 꽃과 마른 풀, 감귤류 향이 어우러진 코트다쥐르의 분위기가 향기롭게 퍼진다. 복합적이면서 강렬하다. 입안에서도 꽃 향이 지배적이며 허브와 소나무 향이 그 뒤를 받친다. 주니퍼는 가볍고 신선하면서 어째서인지 햇빛을 머금은 향을 낸다.

이 진은 1820년까지 거슬러 올라가는 역사를 지닌 향수 증류소에서 초음파 침식과 진공 증류, 초임계 추출 등 조향사의 온갖 기술을 사용해 만들어진 것이다. 일반적인 식물 재료와 더불어 두송, 미모사, 밀짚국화, 로즈 센티폴리아, 삼피어 등 바닷가 식물도 찾아볼 수 있다.

에비에이션

42% ABV

미국 포틀랜드

풍미

주니퍼 · 감귤류 · 허브 · 꽃 · 향신료 · 과일

주니퍼를 부드럽게 다듬어 다른 식물이 빛날 수 있도록 만드는 뉴 웨스턴 드라이(74쪽)의 선구자 중 하나로 미묘하지만 흥미로운 복합적인 풍미를 선사한다. 감귤류와 흙, 향신료 풍미가 먼저 코끝에 부드럽게 감돌고, 사르사로 예상되는 노루발풀과 비슷한 멘톨 향이 가볍게 가미된 나무와 꽃 향이 이어진다. 예상할 수 있는 대로 주니퍼 향은 강하지 않고 은은하지만 입안에서 계속 이어진다.

토닉을 더하면 비터 오렌지와 라벤더 향이 두드러지면서 활기가 살아나지만 가벼운 터치감이 살짝 필요하기도 하다. 그 이름을 따온 칵테일(123쪽)을 만들어볼 만한 가치가 있다.

풍미별 진 탐색하기

코츠월드 넘버 1 와일드플라워

41.7% ABV

영국 스터틴

풍미

주니퍼 / 감귤류 / 허브 / 꽃 / 향신료 / 과일

꽃의 또 다른 면을 보여주는 대담하고 독창적인 진이다. 영국식 정원이 아니라 야생화 초원에 햇빛으로 구워낸 감귤류 과수원을 섞은 듯한 느낌을 준다. 코츠월드 드라이 진(176쪽)의 베이스에 콘플라워와 라벤더, 오렌지, 루바브를 가미해 만든다. 모두 각각 따로 가공한 다음 함께 콤파운딩하는 방식이다.

오렌지와 주니퍼가 가미된 살짝 탁한 꽃향기가 느껴진다. 입안에서는 조금 강렬하면서 부드럽고 기름진 느낌이 감돌고 달콤쌉쌀한 오렌지와 흙 향의 루바브가 어우러진 오렌지의 과일 향이 이어지면서 전체적인 꽃향기가 마무리를 담당한다. 토닉과 함께 마셔도 좋지만 레모네이드도 잘 어울린다.

도로시 파커

44% ABV

미국 뉴욕

풍미

주니퍼 / 감귤류 / 허브 / 꽃 / 향신료 / 과일

여러 느낌이 교차되는 진이다. 향기로운 흙 향과 향신료 과일 향, 무성한 꽃 향이 조화를 이룬다. 코끝에서는 주니퍼가 전면에 나서고 카다멈이 그 뒤를 받친다. 그런 다음 히비스커스가 부드럽고 감미로운 섬세한 향을 낸다. 그 아래로 시나몬과 엘더베리가 어우러져 향신료와 과일 향을 선사한다. 주니퍼가 좀 더 소나무 풍미를 더한다는 것 외에는 입안에서 느껴지는 맛도 비슷하다.

길고 복합적인 여운에서는 향신료와 오렌지, 따뜻한 꽃 향이 느껴진다. 굉장히 관대한 느낌이 드는 진이다. 달리 어떻게 표현해야 할지 모르겠다. 그리고 온몸으로 네그로니(142쪽)라고 외치고 있다.

이스트 런던 큐 진

42% ABV

영국 런던

풍미

주니퍼 · 감귤류 · 과일 · 허브 · 향신료 · 꽃

이스트 런던 리큐어 컴퍼니에서 도시를 가로질러 웨스트 런던에 우정의 손길을 전하기 위해 만들어낸 이 진은 왕립 식물원 큐의 수석 식물학자가 직접 수확한 더글러스 전나무와 라벤더를 사용한다. 주니퍼와 코리앤더, 스위트 오렌지, 안젤리카, 펜넬 씨, 감초 등 총 여덟 가지 식물이 들어 있다.

코리앤더와 향신료의 허브 느낌으로 시작되는 향은 스위트 오렌지의 감귤류 풍미에서 라벤더의 꽃 향으로 발전한다. 입안에서는 감귤류 향이 더 강하게 느껴지며 도수는 약간 높지만 부드럽다. 전반적으로 밝은 감귤류 향과 함께 허브와 꽃 향이 기분 좋은 균형을 이룬다.

지바인 플로레종

40% ABV

프랑스 메르팡

풍미

주니퍼 · 감귤류 · 과일 · 허브 · 향신료 · 꽃

이 진의 이름은 봄에 짧은 시간 동안 꽃이 피어나는 포도나무, 정확히 말하자면 우니 블랑 포도나무에서 유래했다. 포도와 꽃뿐만 아니라 생강, 쿠베브, 너트맥, 감초 외에 일반적인 재료가 여럿 들어간다. 베이스 스피릿도 포도로 만든 것이다.

코끝에서 가벼운 허브 및 꽃 향과 더불어 풀 냄새가 감도는 감귤류와 화이트 와인의 풍미가 느껴진다. 입안에서는 다시 살짝 무거워졌다가 기름진 맛에서 크리미한 느낌으로 넘어가서 다시 포도 향이 감돈다. 끝맛은 아주 섬세하다.

헨드릭스

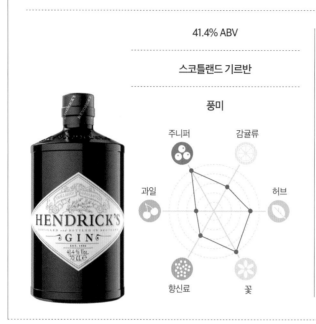

41.4% ABV

스코틀랜드 기르반

풍미

주니퍼 / 감귤류 / 과일 / 허브 / 향신료 / 꽃

수많은 리뷰에서 이 진에서 얼마나 꽃향기가 나는지, 그리고 얼마나 허브 향이 나는지에 대해 이야기한다. 둘 다 맞다. 하지만 나에게는 주니퍼가 먼저 확 느껴진 다음 끄트머리로 쿠베브가 다가온다. 그런 다음에야 장미와 캐모마일이 제 주장을 펼친다. 반면 입안에서는 풍미가 역순으로 느껴진다. 장미향이 확 쏟아진 다음 서양톱풀과 엘더플라워가 달콤한 안개를 퍼트리고 향신료와 주니퍼가 쌓인다.

부드러운 알코올의 따뜻한 느낌과 복합적인 끝맛 위에 오이 풍미가 긴 여운을 남기며 마무리를 짓는다. 1999년 출시 당시에 획기적이었던 이 진의 풍미 프로필은 이제 더 이상 낯설지 않게 되었지만 그래도 여전히 아주 훌륭하다.

인버로슈 클래식

43% ABV

남아프리카공화국 스틸 베이

풍미

주니퍼 / 감귤류 / 과일 / 허브 / 향신료 / 꽃

이 진은 웨스턴 케이프의 석회암 언덕에서 자라는 남아프리카의 핀보스로 만든 것이다. 핀보스는 한 가지 식물이 아니라 9,500여 종으로 이루어진 독특한 생물군으로 그중 70%는 전 세계 그 어디에서도 자생하지 않는다.

인버로슈의 창립자인 로나 스콧은 감귤류인 부쿠를 진의 메인 풍미로 골라서 주니퍼와 부드러운 꽃향기가 조화를 이루게 했다. 부쿠와 함께 장미 향과 부드러운 아니스 향이 느껴진다. 입안에서는 흙과 꽃 향이 느껴지며 나무 향이 향신료 꽃 향으로 마무리된다. 총 15종의 식물 재료가 들어가며 그중 모두 비밀로 유지되는 총 8종의 식물을 사탕수수 베이스 스피릿에 증기 주입을 통해 가미한다.

LBD

43% ABV

스코틀랜드 에든버러

풍미

주니퍼 / 감귤류 / 허브 / 꽃 / 향신료 / 과일

에든버러의 리틀 브라운 독 스피리츠는 진에 어떤 식물 재료가 들어가는지 뿐만 아니라 각 식물이 어디에서 자랐으며 스피릿에서 어떤 역할을 하는지 알려준다. 더 많은 이가 이렇게 하기를 바랄 뿐이다.

이 진에는 무수한 풍미가 겹겹이 쌓여 있다. 레몬과 자몽껍질을 증기로 주입함으로써 살아난 감귤류 향은 물론 함께 바스켓에 넣은 애기괭이밥과 너도밤나무 잎도 느껴진다. 꿀벌화분은 달콤한 꿀과 꽃 풍미를 입안에 선사한다. 파스닙은 크리미한 질감에 기여하면서 약간의 후추 향을 더한다. 자작나무 수액은 미네랄 향과 부드러운 나무 단맛을 가미한다. 루바브의 풍미는 살짝 잼 같으면서 동시에 새콤하다. 야금야금 마시기 좋은 진이다.

멜리페라

43% ABV

프랑스 생-조르주-돌레롱

풍미

주니퍼 / 감귤류 / 허브 / 꽃 / 향신료 / 과일

프랑스 남서부 해안의 올레롱에서 생산하는 멜리페라는 '해변에서 산책할 때의 달콤한 향기'를 연상시킨다. 여름 내내 섬의 모래언덕을 굴러다니고 싶게 만드는 진이다. 꽃향기와 따뜻한 풍미, 미네랄, 약간의 감귤류, 벨벳 같은 주니퍼와 해변의 숨결이 느껴진다.

밀짚국화 꽃이 용담 및 알렉산더와 결합해 입안에 꽃향기가 가득 퍼지고, 그 아래로 나무 향이 흙 향 카다멈과 용담 꽃향과 함께 깔린다. 마무리로 꽃과 감귤류 향이 감돌지만 어딘가 신선한 해안가 느낌(아마도 두 가지 비밀 식물에서 비롯되었을)이 든다. 빈 잔에서도 아직 맛있는 향이 느껴질 정도로 뛰어난 진이다.

몽키 47 슈바르츠발트 드라이

47% ABV

독일 로스버그

풍미

주니퍼 / 감귤류 / 과일 / 허브 / 향신료 / 꽃

이런 진은 어떻게 이해해야 할까? 무언가가 너무 많이 가미되어 있어서 향을 잡아내는 것이 마치 같은 강에 두 번 뛰어드는 것과 같다. 불가능하다. 하지만 가장 넓은 의미에서 보면 과일과 향신료, 꽃 향이 어우러진 크고 사랑스러운 향기 덩어리라고 말할 수 있다.

나에게는 감귤류와 과일 및 꽃 향의 후추 느낌이 초반에 느껴지고 이어서 베리류와 멘톨 장뇌 향이 난다. 여러분에게는 어떨지 모르겠다. 마흔일곱 가지의 다양한 식물 성분이 함유되어 있기 때문에 분명 다른 조합을 발견하게 될 것이다. 향이 너무 강해 대부분의 칵테일에는 조금 과한 편이지만 토닉으로 희석하거나 드라이 마티니(131쪽)를 만들거나 얼음과 함께 니트로 마시기 좋다.

펜로스 드라이

40.5% ABV

영국 킹턴

풍미

주니퍼 / 감귤류 / 과일 / 허브 / 향신료 / 꽃

펜로스는 웨일스어처럼 들리지만 그렇지 않다. 증류소가 자리한 곳은 헤리퍼드셔로 사과의 고장이다. 여기에는 사과가 들어가지 않았는데도 그 향이 먼저 느껴졌다. 봄날 과수원 구석에 자리한 연하고 어린 주니퍼와 전나무, 그리고 이슬에 젖은 잔디에 비친 햇살이 눈에 선하다.

꽃과 부드러운 과일, 은은한 주니퍼, 가벼운 감귤류 향이 가득한 진이다. 입안에서는 핑크 페퍼와 따뜻한 향신료, 카다멈의 흙 향이 깊이를 더하지만 마치 공기 속에 향을 흩뿌리는 꽃이 만발한 나무뿌리가 묻힌 흙 향처럼 느껴진다. 장미 꽃잎과 캐모마일, 주니퍼, 은은한 오렌지와 히비스커스의 여운이 감돈다. 정말 사랑스럽다.

산타 아나

42.3% ABV

프랑스 샤랑트

풍미

주니퍼 / 감귤류 / 허브 / 꽃 / 향신료 / 과일

산타 아나에는 특이한 식물이 몇 가지 들어 있다. 일반적인 주니퍼와 비터 오렌지, 안젤리카, 오리스 뿌리, 펜넬과 더불어 일랑일랑(샤넬 넘버 5 향수에도 쓰인다), 알피니아(덜 강한 갈랑갈), 칼라만시와 달란단과 같은 열대 감귤류 2종 등이 들어간다. 이 모든 것이 합쳐져 가장 좋은 방식으로 비전형적인 진이 완성된다.

매혹적인 열대 꽃향기로 문을 여는 첫 풍미는 어둠 속에 즐거움이 가득 숨겨진 따뜻한 여름밤의 부겐빌레아를 떠올리게 한다. 감귤류 향이 가볍고 신선하다. 부드러운 흙 향기의 향신료 풍미가 깊이를 더하고 주니퍼가 작별 인사를 건넨다.

사일런트 풀

43% ABV

영국 앨버리

풍미

주니퍼 / 감귤류 / 허브 / 꽃 / 향신료 / 과일

강력하고 복합적인 진으로 다양한 풍미 분류에 전부 들어갈 수 있지만, 내가 꼽기엔 꽃 향기가 가장 두드러진다. 주니퍼는 지배적이지 않으면서 향을 주도하는 편이다. 흙 향기가 감도는 육계나무와 쿠베브의 깊은 베이스에 과일 향과 꽃 향을 이루는 캐모마일과 라벤더, 장미가 겹겹이 쌓여 올라간다.

이 풍미를 구현하기 위해 증류사는 두 번의 침출 과정을 거친 다음 진 바스켓에 여분의 식물 재료를 더해 증기로 주입한다. 주니퍼 두 종류(본체에는 보스니아산, 바스켓에는 북마케도니아산)와 말린 배, 꿀, 마크루트 라임 잎, 린덴, 엘더플라워 등 총 24종의 식물 재료가 들어간다. 그 결과물은 아주 잘 어우러진 둥근 풍미로 굉장히 맛이 좋다.

과일 향 진

여기서 찾을 수 있는 향은 감귤류 숲 너머에 피어난 과일이다. 먼저 베리가 잔뜩 열린
덤불에서 발걸음이 멈춘다. 그런 다음 사과와 퀸스가 열린 과수원으로 이어진다. 슬로와
로즈힙, 심지어 아마존의 열대 과일 맛이 나는 진도 소개한다.

식물 재료

블루베리와 블랙베리, 블랙커런트, 라즈베리,
로완베리, 딸기 등 베리류가 많이 등장하는데
당연한 일이다. 사과와 퀸스, 포도, 멜론도 있
다. 남아메리카에서는 아사이와 세제(야자수 열
매), 투피로 등도 찾을 수 있다.

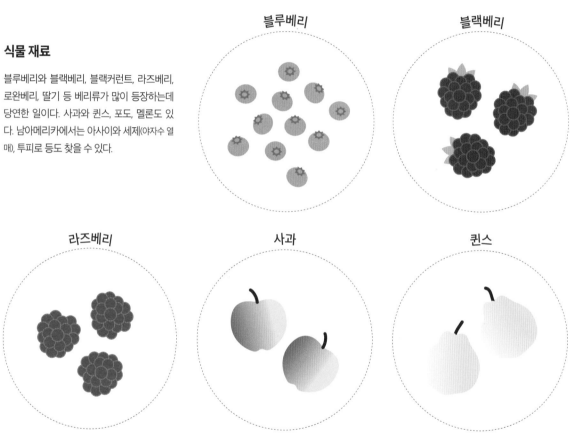

블루베리 · 블랙베리 · 라즈베리 · 사과 · 퀸스

믹서	가니시	칵테일	기타 추천 진
프랭클린 앤 선스 엘더플라워 앤 큐컴버 **산펠레그리노** 토니카 오크우드 **더블 더치** 포메그래니트 앤 바질	생강 라벤더 라임	클로버 클럽(128쪽) 진 바질 스매시(136쪽) 사우스사이드 리키(146쪽)	카룬 엘리펀트 슬로 요크 진 로만 프루트

브록맨스

40% ABV

영국 워링턴

풍미

주니퍼 · 감귤류 · 허브 · 꽃 · 향신료 · 과일

스스로를 살짝 비튼 클래식 진이라고 홍보하는데, 동의한다. 일반적인 진의 식물 재료 목록에 블루베리와 블랙베리를 첨가해 코끝에 가장 먼저 두드러지게 만들었다. 그 아래로 감귤류 향이 끌어낸 주니퍼의 소나무 향이 깔린다. 첫 향기가 조금 애매하게 느껴진다면 곧 촉촉한 짙은 색 베리의 물결이 밀려오면서 감초의 달콤함과 오렌지, 안젤리카 향이 느껴지게 될 것이다.

베리라는 말을 들으면 단맛이 연상될 수도 있다. 하지만 생각을 고쳐먹게 될 것이다. 부드러운 주니퍼에 잔디, 베리류의 여운이 남는 드라이한 끝맛을 지니고 있다. 드라이함 덕분에 텁텁하지 않다. 베리 향이 나는 진이라기보다 베리를 넣은 진이라고 할 수 있다.

브루키스 바이런 드라이

46% ABV

호주 맥레오즈 슈트

풍미

주니퍼 · 감귤류 · 허브 · 과일

자칫 흙 향과 아로마틱 진 그룹에 들어갈 수도 있었지만 라즈베리 향이 더해짐으로써 드러나는 복합적인 특징이 좋은 진을 단번에 훌륭한 진으로 끌어올린다. 총 25종의 식물 재료를 사용하는데, 그중 17종이 호주 바이런 베이의 아열대 우림에 자생하는 식물이다.

마카다미아와 핑거 라임, 아니스, 시나몬 머틀, 리버 민트 등이 주목할 만하다. 코끝에서 주니퍼 향과 흙 향, 허브 향 향신료 풍미가 이어진다. 입안에서는 감귤류와 라즈베리 향으로 시작한 풍미가 생강과 아니스 머틀의 대담한 향신료 느낌으로 이어지다가 따뜻한 후추 향으로 마무리된다.

카나이마

47% ABV

베네수엘라 라 미엘

풍미

주니퍼　감귤류
과일　　　　　허브
향신료　　꽃

디플로마티코 럼의 고향에서 생산된 진으로 열대 향과 아마존 열대우림의 무성하고 축축한 녹음을 연상시키는 약간의 풀 향이 기분 좋게 섞여 있다. 꽤나 강렬한 주니퍼와 후추 향도 상당히 마음에 든다.

총 19종의 식물 재료를 사용했으며 증류소에서는 그중 메레이(캐슈너트), 아사이, 우바 데 팔마, 투피로, 세제, 코포아주 등 10종을 이국적인 재료로 분류한다. 이 모든 재료를 각각 침출해 증류한 다음 블렌딩해서 최종 결과물을 만들어낸다. 이 진의 수익금 중 일부는 아마존의 재조림과 원주민의 문화유산 보존을 위해 사용된다.

시타델 자르댕 데테

41.5% ABV

프랑스 아스

풍미

주니퍼　감귤류
과일　　　　　허브
향신료　　꽃

세어본 결과, 이 진에는 멜론 과육(특이하다)과 유자(조금 덜 특이하다), 그리고 쿠베브와 커민, 시나몬, 쓰촨 후추, 너트맥, 그린 카다멈, 펜넬, 팔각 등 각종 향신료를 포함해 총 22종의 식물이 들어간다. 그래서 니트로 마셨을 때 풍미가 상당히 억제되어 있다는 점에 놀랐다. 하지만 희석하면 그 모든 복합적인 향이 풍성하게 터져 나오는데 정말 사랑스럽다.

과일과 허브, 감귤류 향을 복합적인 흙 향이 뒷받침한다. 마치 화창한 오후에 여름 정원을 방문해서 무성한 나뭇잎을 감상하는 기분이다. 훌륭한 진토닉을 만들 수 있다.

포 필러스 블러디 시라즈

37.8% ABV

호주 힐스빌

풍미

주니퍼 · 감귤류 · 과일 · 허브 · 향신료 · 꽃

그야말로 아름답다! 포 필러스 레어 드라이 진에 시라즈 포도를 8주간 침출해서 만든 진이라 색이 두드러진다. 라즈베리에 가까운 깊고 진한 과일 향이 나면서도 어딘가 포도 특유의 느낌이 남아 있다.

코끝에서는 신선한 소나무와 부드러운 후추 향이 감돌고 두 진영 사이 어딘가를 오가는 페퍼베리의 존재가 느껴진다. 입안에서는 걸쭉하면서 거의 단맛에 가까운 오프-드라이의 맛에 다시 전면에 드러난 과일 향이 감돈다. 향기로운 레몬 머틀과 카다멈으로 이어진 다음 팔각과 라벤더 위에 올라간 페퍼베리가 다시 한 번 등장한다. 슬로 진과 비슷한 방향이지만 그 자체로 매우 독특하다.

헤이먼스 슬로 진

26% ABV

영국 런던

풍미

주니퍼 · 감귤류 · 과일 · 허브 · 향신료 · 꽃

엄밀히 따지면 스트레이트 진이라기보다 리큐어에 가깝다. 증류한 다음 4개월간 슬로를 넣어 숙성시킨 헤이먼스 런던 드라이로 만든다. 그 결과 과일의 풍미가 지배적이지만 베이스 진과 균형을 잘 잡았기 때문에 단맛이 너무 강하지는 않다.

코끝에서는 슬로 특유의 자두 비슷한 새콤한 향에 견과류의 깊이감이 느껴지고 살짝 감귤류 느낌도 든다. 은은하지만 풍성한 향이다. 질감은 걸쭉하고 부드러우면서 달콤하다. 슬로가 지배적이지만 은은한 향신료 풍미도 느껴진다.

헤플 슬로 앤 호손 진

29.9% ABV

영국 헤플

풍미

슬로 진은 끈적하고 시럽처럼 느껴지기 쉽다. 하지만 여기서는 그런 걱정은 하지 않아도 된다. 헤플 스피리츠의 수석 증류사인 크리스 가든이 산사나무(호손) 열매를 살짝 넣었기 때문이다. 슬로와 비슷한 맛을 내면서도 리큐어가 너무 달콤하게 느껴지지 않게 만드는 드라이한 특징을 가미한다.

펜넬 씨와 더글러스 전나무, 조름나물, 블랙커런트(베리와 잎 모두), 정향, 흑후추, 월계수 잎과 같은 식물 재료가 풍미 프로필의 지평선에서 조용히 그 복합적인 향을 숨기고 있다. 믹서로 비터 레몬을 활용하면 정말 잘 어울린다. 기네스에 섞으면 축제 분위기가 물씬 풍기는 칵테일이 된다.

크누트 한센 드라이

42% ABV

독일 함부르크

풍미

2017년 카스파 하게돈과 마틴 스피커가 출시한 이래 꾸준히 사랑받는 진이다. 스피커의 집에서 작은 탁상용 증류기를 이용해 생산하기 시작했지만 2019년에 자체 증류소를 열었다.

사과에 바질과 오이의 허브 향이 더해져 가볍고 신선하면서 맛있는 향이 특징이다. 사용한 전체 식물 재료 목록은 공개하지 않았지만 부드러운 건초 같은 꽃과 바닐라 향으로 보아 메도스위트가 약간 들어갔을 듯하다. 주니퍼와 사과, 약간의 꽃과 나무 향이 어우러져 복합적이면서 따뜻한 마무리를 선사한다. 진 바질 스매시(136쪽)에 잘 어울릴 것이다.

르 진 드 크리스티앙 드루앵

42% ABV

프랑스 퐁-레베크

풍미

주니퍼 / 감귤류 / 허브 / 꽃 / 향신료 / 과일

대부분의 사람은 '과일 향 진'이라고 하면 흔히 베리류를 먼저 떠올리지만 꼭 그럴 필요는 없다. 과수원의 과일 향이 폭발하면서 전혀 다른 방향으로 우리를 이끄는 진이다. 중성 스피릿에 30종 이상의 사과 품종을 섞어 만든 증류 사과주를 가미해 향을 냈다.

사과의 향신료 풍미와 생강, 브리오슈 같은 바닐라가 뒤섞인 주니퍼 향이 코끝에서 느껴진다. 마치 프랑스 빵집이 과수원의 나무통 저장고에서 낳은 아이 같다. 입안에서는 레몬 셔벗과 사과 파이, 바닐라의 달콤함이 다시 느껴지면서 드라이함과 맵싸함이 감돈다. 마지막으로 사과껍질과 주니퍼, 향신료 여운이 감돈다. 정말 맛있다.

머메이드 핑크 진

38% ABV

영국 라이드

풍미

주니퍼 / 감귤류 / 허브 / 꽃 / 향신료 / 과일

핑크 진은 너무 단맛이 강할 것 같아 걱정된다면 다시 생각해 보자. 아일 오브 와이트에서 생산한 이 진은 너무 달지 않으면서도 과일 향을 과시한다. 딸기가 주인공이지만 너무 부각되지는 않는다. 머메이드 드라이 진의 베이스에 증류사가 현지에서 재배한 과일을 4일간 재운 뒤 재증류해 복합적인 향을 자랑한다.

딸기와 그레인 오브 파라다이스의 후추 향으로 시작해 감초의 뿌리 향으로 이어지며 점점 부드러워진다. 가장 중요한 주니퍼는 끝맛으로 가면서 부드러워지지만 그래도 남아 있으며, 향기로운 딸기의 달콤한 향이 여운을 남긴다. 토닉을 섞으면 훨씬 향이 좋다.

푸에르토 데 인디아스 스트로베리

37.5% ABV

스페인 카르모나

풍미

핑크 진을 좋아한다면 화사하고 싱그러운 딸기 향이 가득한 이 진이 제격이다. 코끝에는 거의 딸기만이 두드러진다. 주니퍼와 라임이 약간은 들어갔을 수 있겠다는 느낌을 선사하는 정도다.

입안에서는 주니퍼 향이 꽤 강하게 느껴지면서 들어갔다고 외치지만 딸기 향과 놀랍도록 잘 어우러진다. 감귤류(라임 혹은 자몽일 것 같다) 향이 여운을 살짝 끌어올린다. 니트로 마시면 상당히 걸쭉하고 오프-드라이함이 두드러지지만 대부분의 사람은 토닉을 넉넉히 곁들이는 쪽이 아주 잘 어울려서 마음에 들 것이다.

램스버리 싱글 에스테이트

40% ABV

영국 램스버리

풍미

우아하고 복합적이며 균형이 잘 잡힌 진으로 여러 풍미 그룹에 속할 수 있지만 나에게는 향기로운 퀸스가 가장 두드러지게 느껴지기 때문에 여기에 넣었다(진의 고전적인 식물 재료에 속하지 않는 유일한 식물 재료다).

부드러운 주니퍼와 퀸스의 잔디와 과일 향, 감귤류, 안젤리카의 부드러운 머스크와 나무 베이스가 어우러져 코끝에 깨끗하고 가벼운 풍미를 선사한다. 입안에서는 꽃 향이 느껴지다가 달콤한 뿌리 향에서 감귤류와 주니퍼의 소나무 향으로 발달하며 은은한 향신료 풍미가 퍼진다. 램스버리는 베이스 스피릿을 자체적으로 생산하고 있으며 생산 방식을 최대한 지속 가능하도록 만들기 위해 많은 투자를 하고 있다.

탱커레이 블랙커런트 로열 디스틸드

41.3% ABV

스코틀랜드 캐머런 브리지

풍미

주니퍼 · 감귤류 · 허브 · 꽃 · 향신료 · 과일

검보랏빛 과자는 항상 맛있다. 그렇지 않은가? 블랙커런트를 전부 모아서 가져왔지만 설탕과자로 만들지는 않은 진이다. 너무 달지 않은 선에서 점점 가까워지다가 결국 그 선을 넘지는 않는다.

끈적끈적하게 들척지근한 아이스크림 느낌이 아니라 더 가볍고 활기찬 바닐라 향이 뒷선을 든든하게 지키면서 입맛을 돋우는 짙은 색 과일 향이 남는다. 주니퍼는 메인 이벤트가 끝날 때까지 끼어들지 않으려는 듯 숨어 있다가 이 모든 소란이 대체 무슨 일인지 살펴보려는 듯 슬그머니 다가온다. 확실히 무언가를 섞어 먹기 위해 탄생한 진이다.

더 소스

47% ABV

뉴질랜드 와나카

풍미

주니퍼 · 감귤류 · 허브 · 꽃 · 향신료 · 과일

로즈힙과 안젤리카의 콤보가 주는 자극이 돋보이는 진이다. 잔을 들면 코끝으로 꽃과 머스키하면서 새콤한 향, 나무와 향기로운 풍미가 제일 먼저 들어왔다가 혀에 닿는 순간 잠시 머물다 사라진다. 그 사이에 주니퍼가 코리앤더와 오렌지, 레몬의 감귤류 풍미와 함께 어우러진다. 전반적으로 만족스러운 균형 감각을 유지하면서 복합적인 진정한 감상 어린 순간을 선사한다.

냉각 여과를 하지 않았기 때문에 희석하면 살짝 탁해질 수 있다. 또한 증류기 본체에는 아무 식물 재료도 넣지 않는다는 점도 약간 특이하다. 모든 식물 재료는 증기로만 주입하는데, 물론 봄베이 사파이어(158쪽) 등 이 방식을 사용하는 다른 진도 있다.

흙 향과 아로마틱 진

정말 맛있는 진이지만 매운맛만 나는 것은 아니다. 매운맛보다는 향신료 풍미가 가미되었다고 생각하자.

식물 재료

후추 풍미를 내는 재료로는 쿠베브와 그레인 오브 파라다이스, 핑크 페퍼, 쓰촨 후추가 있다. 페퍼베리는 과일 향과 톡 쏘는 단맛이 매운 맛과 조화를 이루는 특징이 있다. 그 외에도 카다멈과 시나몬, 커민, 생강, 너트맥, 팔각, 통카 콩, 강황, 바닐라 등을 흔히 사용한다.

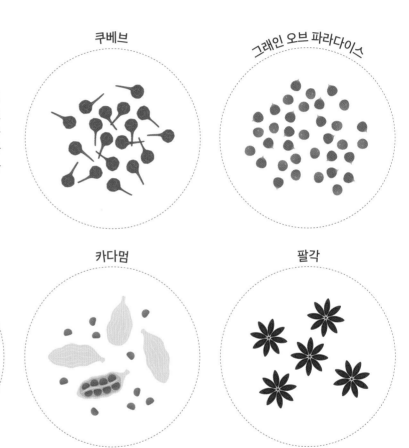

쿠베브

그레인 오브 파라다이스

페퍼베리

카다멈

팔각

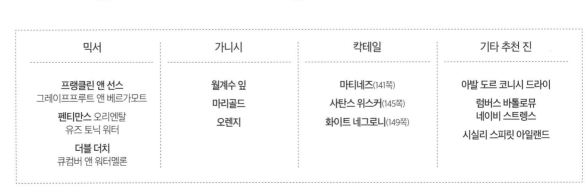

믹서	가니시	칵테일	기타 추천 진
프랭클린 앤 선스 그레이프프루트 앤 베르가모트 **펜티만스 오리엔탈** 유즈 토닉 워터 **더블 더치** 큐컴버 앤 워터멜론	월계수 잎 마리골드 오렌지	마티네즈(141쪽) 샤탄스 위스커(145쪽) 화이트 네그로니(149쪽)	아발 도르 코니시 드라이 럼버스 바톨로뮤 네이비 스트렝스 시실리 스피릿 아일랜드

아크로스

41% ABV

스코틀랜드 리스

풍미

주니퍼에 복합적인 나무와 향신료 향기가 기분 좋게 어우러지는 밝고 현대적인 진이다. 코끝에서 흙과 후추 향이 느껴지고 중간 톤으로 펜넬의 잔디 향, 톱 노트로 감귤류 향이 살짝 감돈다. 입안에서는 나무 향이 먼저 찾아오지만 감초의 단맛과 쓰촨 후추의 화사한 감귤류 향이 탄탄하게 쌓이고, 목넘김은 타듯이 내려가지는 않지만 톡 쏘는 느낌은 준다. 아니스의 따뜻한 느낌이 길게 여운을 남긴다.

네그로니(142쪽)로 만들면 분명 베르무트와 캄파리를 반갑게 이끌며 함께 춤을 이끌어 가게 될 것이다. 토닉을 섞으면 아로마틱한 나무 향과 따뜻한 풍미의 부드러운 면을 이끌어내 속부터 포근하게 감싸 안아준다.

아우데무스 핑크 페퍼

44% ABV

프랑스 코냑

풍미

첫째, 무엇보다 일단 맛있다. 둘째, 마찬가지로 중요한 점인데 누군가는 너무 가볍게 느낄 수 있을 정도로 주니퍼 향이 아주 가볍다. 셋째, 그래도 여전히 맛있다. 사용한 식물 재료 9종 중 2종은 아직 비밀이지만 나머지는 핑크 페퍼와 주니퍼, 카다멈, 시나몬, 꿀, 바닐라, 그리고 통카콩이다. 아우데무스는 식물 재료를 각각 따로 로토뱁 증류기에서 저온으로 증류한 다음 섞는다.

그 결과물인 진에서는 핑크 페퍼와 통카콩이 잔뜩 들어간 흙 내음과 매혹적인 향이 코끝을 자극한다. 통카의 향을 모른다면 바닐라와 시나몬, 마지판, 캐러멜 그리고 짙은 향의 꿀을 섞은 콜라 같은 맛이다. 냠냠.

베르타스 리벤지 아이리시 밀크

42% ABV

아일랜드 캐슬리언스

풍미

처음 드는 의문은 아마 이것일 것이다. "유청을 넣으면 뭐가 달라지나요?" "독자 여러분, 달라집니다." 유청은 곡물 베이스 스피릿을 사용한 진 특유의 텁텁함이 없는 부드러운 진을 만들 수 있게 한다. 시간이 지날수록 식물 풍미가 드러난다. 주니퍼와 흔히 들어가는 재료인 정향과 커민, 알렉산더 씨, 엘더플라워 등 총 18종의 다양한 식물 재료를 사용한다.

전체적인 느낌은 감귤류 향이 이끄는 은은한 향신료 풍미다. 감초와 라임, 카다멈, 후추가 뿌리 향과 따뜻한 느낌을 준다. 깁슨(134쪽)과 마티니(130~131쪽)를 만들어도 좋지만 어떻게 마시든 꿀꺽 삼켜버리지는 말자. 천천히 마시는 사람에게 보상을 주는 진이다.

바비스 스히담 드라이

42% ABV

네덜란드 스히담

풍미

여기서 '바비'란 1950년에 인도네시아에서 스히담으로 건너가 직접 재배한 향신료로 진을 만들었던 세바스티안 반 보켈의 할아버지다. 흙 향이 나는 아로마틱 진의 대명사로 삼을 수 있는 진이다.

처음부터 정향과 쿠베브가 짝을 이루어 풍미를 주도하고, 다른 식물 재료가 이 두 가지 향신료를 중심에 두고 춤을 춘다. 주니퍼, 코리앤더, 펜넬, 레몬그라스, 로즈힙이 조연으로 등장한다. 특히 마무리가 사랑스럽다. 네그로니(142쪽)나 콥스리바이버 넘버 2(129쪽)에서 놀라운 효과를 발휘하는 끈질긴 후추 향신료 풍미와 함께 드디어 주니퍼 향이 두드러진다.

시타델

44% ABV

프랑스 아스

풍미

메종 페랑은 코냑으로 더 잘 알려져 있지만 시타델이라는 진도 만들어서 다행이라고 생각한다. 코끝에서 신선한 꽃향기와 후추의 흙과 향신료 풍미가 섞인 섬세한 풍미가 느껴진다. 입안에서는 주니퍼가 주도권을 쥐고 허브와 뿌리, 후추로 이어지는 복잡한 풍미를 선사한 다음 다시 주니퍼와 나무 향으로 마무리된다.

펜넬과 팔각, 바이올렛, 커민, 쓰촨 후추, 해바라기 씨 등 총 19종의 식물 재료를 사용한다. 1995년에 처음 등장했을 때만 해도 굉장히 특이한 풍미 프로필이었을 것이다. 오늘날에는 현대식 진과 고전 진 사이 어딘가에 자리 잡고 있다.

콘커 스피릿 네이비 스트렝스

57% ABV

영국 본머스

풍미

좋다. 솔직하게 말해서 이 진은 정말 환상적이다. 맛있고 능수능란한 완성도를 보여준다. 수석 증류사가 마쉬 삼피어, 엘더베리, 주니퍼, 코리앤더, 안젤리카, 육계나무 껍질, 오리스 뿌리, 라임껍질, 세빌 오렌지껍질 등 9종의 식물 재료를 구리 증류기에 넣어 만든다. 입안에서 강렬하고 기름지면서 대담하지만 부드러운 맛이 느껴지고 네이비 스트렝스 도수지만 타는 듯하거나 따갑지 않다.

주니퍼와 엘더베리가 오렌지와 따뜻한 향신료 풍미로 이어진다. 아름답고 깊은 풍미와 길고 복합적인 여운이 남는다. 토닉과도 잘 어울린다. 판매되는 진 한 병당 5파운드씩을 영국 해안가에서 구명보트와 구조 서비스를 운영하는 자선 단체인 RNLI를 후원하는 데 사용한다.

포 필러스 레어 드라이

41.8% ABV

호주 힐스빌

풍미

주니퍼 / 감귤류 / 허브 / 꽃 / 향신료 / 과일

부드럽고 접근하기 쉬우면서 확실히 현대적이지만 어딘가 고 전적인 느낌도 어떻게든 전해온다. 다른 차원에서 클래식한 런던 드라이가 떠오르기도 하는 식물 재료의 균형 잡힌 느낌 때문일지도 모른다.

주니퍼가 은은하고 부드럽게 다가오고 레몬 머틀과 페퍼 베리 잎이 그 대신 주도적인 역할을 한다. 감귤류가 상당히 강 하고 코리앤더와 카다멈이 그와 함께 중간 입맛을 화사하게 밝히는데, 팔각과 라벤더가 페퍼베리와 손을 잡고 마무리를 잘 정리한다. 토닉을 약간 섞어서 맛을 깨우거나 칵테일을 만 드는 것이 좋을 것 같다고 느껴진다. 레드 스내퍼(144쪽)라면 그 역할을 훌륭하게 해낼 것이다. 멋지다.

지오메트릭

57% ABV

남아프리카공화국 케이프타운

풍미

주니퍼 / 감귤류 / 허브 / 꽃 / 향신료 / 과일

찾아서 맛보아야 할 진. 남아프리카 핀보스의 풍미가 전통적 인 진 풍미 식물과 어우러져 드라이 마티니(131쪽)에 아주 잘 어울리는 우아한 진을 완성한다. 정향과 카다멈의 향이 허브 향과 어우러져 은은한 향신료 풍미를 선사한다. 부쿠 잎(로즈 메리를 만난 블랙커런트가 페퍼민트를 만난 느낌)과 케이프 스노부 시(야생 로즈메리와 후추)의 풍미가 입안에 더욱 깊은 느낌을 준 다. 주니퍼의 소나무 향과 더 강해진 부쿠 향이 길게 여운을 남긴다.

메인 배치 하나에 그보다 규모가 작은 서브 배치 3개를 혼 합하면서 그중 일부에는 증기 주입으로 풍미를 더하는 복잡 한 증류 과정을 거치는 진이다. 손이 많이 갈 것 같지만 그만 한 가치가 있다고 느껴진다.

하푸사 히말라얀 드라이

43% ABV

인도 뉴델리

풍미

한마디로 표현하자면 대성공이다. 흙 향과 향신료, 견과류의 향기로운 풍미를 감귤류 향이 끌어올린다. 히말라얀 주니퍼의 흙내음이 코끝을 감싼 다음 달콤한 흙 향이 나는 망고와 카다멈, 랑푸르 라임 향이 이어진다. 입안에서는 기분 좋은 유분감이 느껴지고 주니퍼와 라임, 그리고 따뜻한 강황의 향이 뒤를 잇는다.

모든 것이 훌륭하지만 이 진이 정말 빛을 발하는 부분은 마무리다. 생강과 코리앤더, 망고와 생강, 코리앤더와 강황, 라임과 코리앤더 등 다양한 조합으로 나타나는 풍미를 찾아내기 위해 볼 안쪽을 계속 탐색하게 되는, 풍미 마니아의 꿈과 같은 향이 느껴진다. 이 점에 대해서 제조사에서 개선해야 할 부분이 있다면? 전혀 없다. 바로 그거다.

런던 투 리마

42. 8%

페루 리마

풍미

이 쇼의 주인공은 핑크 페퍼와 케이프 구스베리, 키 라임이다. 이 세 가지 향이 소용돌이치면서 감귤류 향과 함께 새콤한 향신료 과일 향을 선사한다. 주니퍼의 소나무 향이 만족스러울 정도로 강력한 타격을 주면서 길고 따뜻한 여운이 남는다.

앵글로-페루의 진으로 페루 특산물인 피스코라는 포도 베이스 스피릿을 이용해 만든다. 여기 들어가는 피스코는 퀘브란타 포도로 만드는데, 그 풍미는 니트로 음미하며 마시기에 아주 좋은 멋진 음료라는 퍼즐을 완성하는 마지막 조각이다. 약간의 토닉을 넣어 진토닉으로 만들어도 맛있다. 아로마가 제대로 풀려서 향이 잔 밖으로 퍼져 나갈 정도다.

넘버 3 런던 드라이

46% ABV

영국 런던

풍미

주니퍼 · 감귤류 · 허브 · 꽃 · 향신료 · 과일

클래식하지만 금욕적인 것과는 거리가 먼 진으로, 좋은 재료 몇 가지와 증류기를 다루는 기술만 있으면 무엇을 할 수 있는지 보여준다. 주니퍼와 코리앤더, 오리스 뿌리, 자몽, 오렌지, 카다멈 등 여섯 가지 식물 재료가 풍성한 풍미를 선사한다.

클래식한 런던 드라이 진의 아로마 프로필에 흙 향이 살짝 가미되어 앞으로의 향을 암시하는 듯한 친숙한 풍미가 가장 먼저 느껴진다. 하지만 입안에 넣으면 주니퍼와 오리스, 카다멈이 터져 나오며 감귤류와 코리앤더가 그 뒤를 스쳐 지나간다. 산뜻하고 신선하며 흙 향이 나는 드라이한 안젤리카와 주니퍼의 마무리가 절대 끝날 것 같지 않게 계속 이어진다.

페리스 토트 네이비 스트렝스

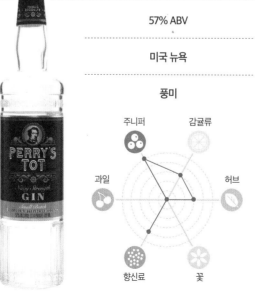

57% ABV

미국 뉴욕

풍미

주니퍼 · 감귤류 · 허브 · 꽃 · 향신료 · 과일

이것만 마시면 조금 과하다. 하지만 토닉으로 길들이면 완전히 다른 진으로 변신한다. 주니퍼와 약간의 꿀, 감귤류 향이 복합적으로 코끝에 맴돌고, 카다멈이 살짝 드러난다. 주니퍼와 아로마틱한 아니스 씨가 잘 어우러져 진정한 깊은 풍미를 느낄 수 있는 훌륭한 마무리를 선사한다.

하지만 토닉이 정말 안성맞춤인 제짝 같지는 않다. 칵테일에 신중하게 사용해야 하는 종류의 진이다. 네그로니(142쪽)를 만들면 10점 만점에 11점까지 끌어올릴 수 있겠지만 계량을 조금 조절할 수 있다면 클로버 클럽(128쪽)처럼 좀 더 섬세한 칵테일에도 잘 어울릴 수 있다.

프로세라 블루 도트

44% ABV

케냐 나이로비

풍미

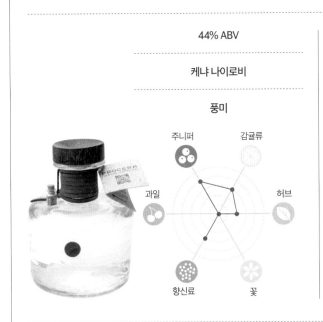

일반 주니퍼와 현지의 주니퍼를 섞어서 만든 진이다. 주니페루스 프로세라에서 이름을 따왔다. 남반구에 서식하는 유일한 주니퍼다. 증류사는 '절대 건조하지 않은' 신선한 베리를 사용해 화사한 견과류 향을 살리고, 병입해 빈티지를 기록한다.

내 샘플(2022년 빈티지)은 흙 향이 주니퍼와 꿀, 카다멈, 살짝 훈연 향이 도는 녹차와 함께 섞여 부드럽고 균형 잡힌 향을 코끝에 선사한다. 오렌지와 라임, 약간의 핑크 페퍼 향신료 향이 부드러우면서 지속적인 여운을 남긴다. '마티니와 홀짝홀짝 마시는 진'이라고 마케팅을 하고 있는데, 특별한 식물 재료인 소금 가니시를 함께 판매해 수제 진토닉의 수준을 한층 끌어올릴 수 있다.

샌디 그레이

46% ABV

호주 스프레이턴

풍미

솜씨 좋게 만들어낸 술이다. 증류사 밥 코너는 식물 재료의 풍미를 살리기 위해 ABV를 높이고 싶어서 곡물 대신 포도 중성 스피릿을 사용하고 신중하게 증류해 도수 높은 술 특유의 찌르듯이 아픈 느낌을 없애는 데 성공했다.

비냉각 여과를 거쳤기 때문에 희석하면 루칭 현상(62~63쪽)이 일어날 수 있다. 다만 나에게는 일어나지 않았다. 코끝에 주니퍼와 라임에 이어 페퍼베리 향신료 향이 흘러 들어오면서 진하고 따뜻한 느낌을 준다. 입안에서는 매끄럽게 다가오고 풍성한 뿌리 향과 따뜻한 느낌에 이어 카다멈과 육계의 진한 향을 감귤류 향이 깔끔하게 정리해준다. 길고 복합적인 여운이 향기로운 후추 향 주니퍼와 함께 마무리된다. 맛있다.

바다 향과 감칠맛 진

내가 가장 좋아하는 진 카테고리로 빠르게 자리 잡고 있다. 이 짭짤한 진은 바다의 짠 향을 담아낸다. 또는 완전히 다른 방향으로 주렁주렁 열린 녹색 올리브의 촉촉한 짠맛이 느껴지기도 한다. 어느 쪽이든 맛있고 상쾌한 진의 새로운 면을 발견할 수 있는 좋은 기회다.

식물 재료

먼저 해초로 카라긴과 모자반 종류, 덜스, 파 래, 유럽다시마 등을 사용한다. 록 삼피어와 올 리브, 케이퍼, 심지어 파르메산 치즈도 찾아볼 수 있다. 펜넬과 조름나물, 워터 민트 등이 조 연 역할을 한다.

카라긴

파래

록 삼피어

올리브

케이퍼

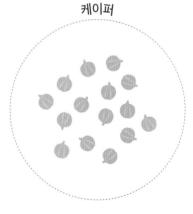

믹서	가니시	칵테일	기타 추천 진
피버-트리 리프레싱리 라이트 큐컴버 토닉 워터	오렌지	**더티 마티니**(130쪽)	그레이 웨일
스트레인지러브 코스탈 토닉 워터	레몬그라스	**깁슨**(134쪽)	그린위치 마린 런던 드라이
런던 에센스 포멜로 앤 핑크 페퍼 토닉 워터	세이지	**레드 스내퍼**(144쪽)	뉴펀들랜드 씨위드

안 둘라만 아이리시 마리타임

43.2% ABV

아일랜드 도네갈

풍미

증류사 슬리브 리그의 구리 증류기의 이름은 '기쁨을 가져다주는 사람' 또는 '취하게 하는 여자'라는 뜻의 메이브다. 이보다 더 적절한 이름이 있을까? 안 둘라만은 해안가의 키스와 스파이시한 킥이 가미된 감칠맛 나는 진으로 첫 모금부터 취하게 만드는 기쁨을 선사한다.

훈연 향과 흙 향, 바다 향, 짠맛, 풀 향으로 시작한다. 질감은 드라이하지만 실키하다. 아래 바위 웅덩이에서 물놀이를 즐기는 동안 단맛과 짠맛, 담배, 감초, 주니퍼의 허브 향이 먼 언덕길에서 바람에 흔들리는 듯한 느낌이 든다. 따뜻한 마무리가 이 진은 굴이나 다크 초콜릿과도 잘 어울릴 거라고 속삭이는 듯하다. 마티니(130~131쪽)로 만들어 마셔도 좋을 것 같다.

아우데무스 우마미

42% ABV

프랑스 코냑

풍미

칵테일에 사용할 짭짤한 맛이 나는 진을 원했던 런던의 익스페리멘털 칵테일 클럽을 위해 개발한 진으로 주니퍼와 시칠리아 케이퍼, 레몬, 베르가모트, 파르메산 치즈를 증기 증류해 만든다. 후자의 재료는 신속하게 주입하는 과정을 거치기 때문에 치즈 향 없이 짭짤하고 아삭한 결정에서 느껴지는 깊은 감칠맛만 진에 가미된다. 케이퍼가 일정한 톱 노트를 선사하고 그 아래에서 주니퍼와 감귤류 향이 춤을 춘다.

코냑 배럴에서 3~5개월간 숙성시켜 나무 향과 잘 어우러진 주니퍼 향이 케이퍼와 함께 긴 여운을 남긴다. 레드 스내퍼(144쪽)로 만들어보자.

바라 애틀랜틱 진

46% ABV

스코틀랜드 캐슬베이

풍미

주니퍼 · 감귤류 · 허브 · 꽃 · 향신료 · 과일

세상에. 이 진이 당구를 치고 있었다면 보는 사람은 제대로 흥분했을 것이다. 코끝에서 섬세한 향이 느껴지다가 느닷없이 탕! 정말 대단한 진이다! 거칠고 풍미가 넘치면서 묘하게 흥분되어 진정하기가 어렵다.

민트와 엘더플라워, 캐모마일, 헤더, 쿠베브, 핑크 페퍼 등 17종의 식물 재료를 사용한다. 하지만 진정한 주인공은 야생의 바다 향을 선사하는 카라긴 해초다. 스코틀랜드의 최서부에 자리한 이 증류소는 증기 주입 방식으로 이 모든 풍미를 잡아내 진에 채워 넣었는데, 정말로 꼭 찾아서 마셔봐야 할 진이다. 진토닉을 만든다면 토닉을 조금 적게 붓도록 하자.

다 밀레 오가닉 씨위드

45% ABV

웨일스 란디슬

풍미

주니퍼 · 감귤류 · 허브 · 꽃 · 향신료 · 과일

향을 맡으면 젖은 채로 반짝이는 해초를 손에 쥐고 있는 듯하다. 감귤류와 흑후추가 짭짤한 요오드 맛을 깔끔하게 정리하고 그 아래로 주니퍼의 소나무 향이 깔린다. 정말 사랑스럽다. 증류한 진을 해초와 함께 3주간 숙성시켜 만들기 때문에 섬세한 초록색과 짭짤한 풍미가 멋지게 돋보인다. 머금으면 중간쯤부터 장미와 펜넬, 카다멈이 전체적인 맛을 파도의 비말을 맞은 바닷가 정원과 꽃밭의 영역으로 끌어올린다.

다 밀레의 구리 증류기의 이름은 웨일스 가마솥의 여신 세리드웬의 이름을 딴 것이니 여신의 이름에 건배해 이 고급스럽게 부드러우면서 오프-드라이한 스피릿을 맛보게 해준 것에 감사하며 잔을 들어야 한다.

드위 샌트 코스탈

40% ABV

───────────

웨일스 카디프

───────────

풍미

주니퍼　감귤류

과일　　　　허브

향신료　　꽃

흥미로운 진이다. 증류업체가 식물 재료에 대해서는 함구하고 있지만 펜넬과 감귤류, '아로마틱 허브'를 사용했다고는 한다. 나라면 거기에 그래인 오브 파라다이스와 아마 길것 같은 일종의 해조류가 들어갔을 것이라는 점에 돈을 걸고 싶다.

　짠맛과 감귤류, 후추 향이 기분 좋게 어우러진 향이다. 시간이 흐르면 펜넬과 감초의 달콤함이 부드럽게 끼어든다. 입안에서는 아니스의 나무 향 베이스 노트가 점점 강해지는 후추의 매운맛과 함께 앞서 두드러진 향을 뒷받침한다. 해안가 요소는 은은하지만 지속적이고, 직접적으로 확 드러나지는 않지만 어딘가 계속 연상이 된다. '드위 샌트'는 웨일스의 수호성인인 '세인트 데이비드'를 뜻하는 웨일스어다.

진 에바 라 마요르퀴나 올리브

45% ABV

───────────

스페인 마요르카 유크마호르

───────────

풍미

주니퍼　감귤류

과일　　　　허브

향신료　　꽃

마요르카 발데모사 계곡의 기후는 올리브 재배에 완벽한 조건을 갖추고 있다. 그 계곡에서 만든 이 진은 올리브의 과즙이 가득한 풍미를 선사한다. 증류사가 증류하기 전에 밀 스피릿에 올리브 찌꺼기를 넣고 수 주일간 침출한 다음 주니퍼와 코리앤더를 넣어 증류한다. 아주 심혈을 기울인 과정이다!

　입안에서 올리브의 짭짤한 맛이 느껴지다가 주니퍼의 허브 향이 이를 씻어낸다. 소나무와 코리앤더의 감귤류 향으로 마무리되며 은은한 올리브 향이 뒷맛으로 다시 돌아온다. 제대로 다룰 줄만 안다면 항상 많은 식물 재료를 사용할 필요는 없다는 것을 증명하는 정말 사랑스러운 진이다.

아일 오브 해리스

45% ABV

스코틀랜드 타버트

풍미

정말 좋은 물건을 보관하는 특별한 찬장에 공간을 만들어야 할 진이다. 증류사가 주니퍼와 육계나무, 코리앤더, 안젤리카, 비터 오렌지, 쿠베브, 감초, 오리스 뿌리, 유럽다시마를 먼저 침출한 다음 증류기에 불을 때기 직전에 다시마를 제거한 뒤 증류 작업을 진행한다. 그러면 바다 향이 가볍고 신선하게 유지되어 마개를 여는 순간 갈매기를 끌어들이게 될 걱정을 하지 않아도 된다.

감귤류와 은은한 향신료 향, 따뜻함, 달콤한 뿌리 향, 짭짤한 허브 해안가 향, 주니퍼의 화려한 행렬이 이어지다가 다시 씁쓸한 감귤류 향이 돌아오며 깔끔하게 마무리된다. 토닉을 섞어도 맛있지만 니트로 마시거나 마티니(130~131쪽)로 만들어도 아주 좋다.

루사

42% ABV

스코틀랜드 아들루사

풍미

스코틀랜드에서 여덟 번째로 크지만 인구가 가장 적은 섬에 속하는 주라에는 약 250명의 주민이 거주하고 있다. 셋 중 한 명(전부 여성)은 레몬 타임과 레몬 밤, 조름나물, 스코틀랜드 솔잎 등 섬에서 재배하거나 채취한 식물 재료 15종으로 진을 증류한다.

주니퍼에 파래와 갈아낸 엘더의 베이스 노트가 섞인 향이 난다. 입안에서는 엘더플라워와 인동덩굴이 라임과 함께 맴돌고, 레몬 타임과 주니퍼가 다시 등장하며 긴 마무리를 선사한다. 증류업체는 자신들의 증류소가 가장 '쉽사리 가까이 갈 수 없는' 곳 중 하나라고 주장한다. 직접 방문하기 어렵다면 차선책으로 진이라도 구해보자.

메인브레이스 코니시 드라이

40% ABV

영국 헬포드 패시지

풍미

주니퍼 · 감귤류 · 허브 · 꽃 · 향신료 · 과일

메인브레이스라는 이름은 선원이 전투 중 중요한 장비를 수리하는 '메인브레이스 접합'에 성공한 후 럼 한 잔을 추가로 즐기던 시절로 거슬러 올라간다. 이 관습은 시간이 지나면서 밧줄은 덜 사용하고 술은 더 많이 마시는 것으로 발전했으며, '왕에게 신의 축복이 있으라' 또는 '여왕에게 신의 축복이 있으라'는 건배사를 통해 정당화한다.

메인브레이스가 2022년 엘리자베스 2세 여왕의 즉위 70주년 기념일을 위해 출시한 진이니 이 술을 마신다면 여전히 군주에게 잔을 들어 건배하는 것이나 마찬가지다. 대담한 주니퍼와 감귤류, 코리앤더가 먼저 치고 올라왔다가 다시마와 덜스, 꼬시래기의 짠맛과 감칠맛이 그 뒤를 따른다.

망갱 올리진

41% ABV

프랑스 아비뇽

풍미

주니퍼 · 감귤류 · 허브 · 꽃 · 향신료 · 과일

이 병을 여는 순간 사방으로 올리브 향이 퍼진다. 휴일에 구석진 작은 바에서 먹었던 과일 향이 나던 큼직한 올리브, 먹다 보니 어느새 접시가 비어서 술을 마시는 것조차 까맣게 잊은 채로 올리브가 더 먹고 싶어지던…

이제 걱정하지 말자. 여기에는 주니퍼는 물론이고 우리의 오랜 친구인 펜넬도 들어가 있다. 놀랍도록 깔끔한 진이다. 반드시 니트로 마셔본 다음 마티니(130~131쪽)로도 만들어보자. 하지만 토닉과 섞어서 마시면 또 다른 즐거움을 느끼고 싶을 것이다. 감칠맛이 깊고 부드러워지면서 펜넬과 오렌지 향이 더욱 빛을 발한다. 방울토마토 3개를 꼬치에 꽂아서 장식하자.

맨리 스피리츠 코스탈 시트러스

43% ABV

호주 시드니

풍미

맨리는 호주 시드니의 한 지역명이다. 이 진에 대해서 이야기해볼까? 정말 환상적이다. 레몬 아스펜이라고 생각되는 허브 감귤류와 흙 향으로 시작하는데 레몬 머틀과 메이어 레몬(작고 달콤하며 톡 쏘는 맛이 덜한 레몬)도 어느 정도 떠오른다.

그런 다음 허브 향과 짭조름한 바다 향이 나는 섬세한 바다 파슬리 향이 느껴지고 주니퍼가 등장하며 모든 향을 탄탄하게 잡아준다. 코리앤더는 일반적인 씨앗 대신 잎을 사용해 허브와 감귤류 느낌을 강화했다. 토닉을 약간 섞으면 훨씬 깊고 진하면서 부드러워진다. 영광스러운 맛이다.

머메이드 진

43% ABV

영국 라이드

풍미

잘 골라낸 식물 재료로 흥미로운 층을 쌓아올린 진이다. 엘더 플라워는 아로마에 은은하고 가벼운 향을 부여한다. 벤트너 인근 식물원에서 수확한 홉이 마무리에 흙 향 향신료 풍미를 더한다. 하지만 무엇보다도 이 진을 특별하게 만드는 요소는 록 삼피어다. 상쾌한 염분과 감귤류 향이 바닷가 공기를 들이마시는 것 같은 느낌을 준다.

그레인 오브 파라다이스와 감초가 중간 맛에 머물면서 다른 모든 요소의 균형을 잡는 뿌리와 같은 따뜻함을 선사한다. 비즈 니즈(124쪽)를 만들어 레몬 트위스트나 라벤더 줄기로 장식하면 아주 잘 어울린다.

넘버 6 레이버 애틀랜틱 스피릿

42% ABV

영국 비디퍼드

풍미

주니퍼 / 감귤류 / 허브 / 꽃 / 향신료 / 과일

재미있는 점은 이 진에는 감귤류가 전혀 들어가지 않았는데도 맛있는 감귤류 향이 난다는 것이다. 대신 코리앤더와 김에서 우러난 풍미가 가득한데, 특히 김은 진에 부드럽게 요오드화된 바닷바람 같은 특징을 부여한다. 험준한 노스 데본 해안의 애봇샴 절벽에서 채취한 김에서는 기분 좋은 화창한 아침에 바위 사이에 고인 웅덩이에서 일어나는 물보라를 만난 듯한 맛이 난다.

하지만 그 아래에는 아주 잘 균형 잡힌 클래식한 진 베이스가 자리하고 있다. 주니퍼와 안젤리카, 오리스가 훌륭한 균형을 이루고 있고 그레인 오브 파라다이스와 쿠베브가 뿌리와 후추 향의 백 노트를 선사한다. 꽤 매력적으로 느껴질 정도로 멋진 균형감이다.

록 로즈 시트러스 코스탈 에디션

41.5% ABV

스코틀랜드 더넷

풍미

주니퍼 / 감귤류 / 허브 / 꽃 / 향신료 / 과일

섬세한 진이다. 식물 재료 목록(총 19종)을 보면 다른 것을 기대했겠지만, 이 진은 절대 뻔뻔한 포푸리가 아니다. 빌베리, 산사나무, 로완베리, 레몬 버베나, 장미 뿌리 모두 흥미롭지만 이 모든 재료는 증류소의 오리지널 에디션 진에도 들어간다. 이 진에는 다시마와 감초 소금을 섞어서 섬세하면서도 확실한 바다 향을 더했다.

토닉을 몇 방울 떨어뜨리면 맛이 아주 멋지게 깨어난다. 진토닉을 만들어 핑크 자몽 슬라이스와 구할 수 있다면 구기자 열매 몇 개를 넣어 마셔보자.

토닉의 당분

토닉 워터의 당분 함량은 아주 다양하다. 진의 풍미를 가리지 않도록 당분이 너무 많이
들어가지 않은 것을 고르자.

브랜드	제품	종류	당(g/100ml)
루스콤	엘더플라워	플레이버드	7.9
루스콤	그레이프프루트	플레이버드	7.9
산펠레그리노	토니카 시트러스	플레이버드	7.9
산펠레그리노	토니카 오크우드	플레이버드	7.9
펜티만스	핑크 루바브	플레이버드	7.8
피버-트리	아로마틱	플레이버드	7.8
피버-트리	엘더플라워	플레이버드	7.8
루스콤	큐컴버	플레이버드	7.8
펜티만스	발렌시안 오렌지	플레이버드	7.7
피버-트리	레몬	플레이버드	7.6
피버-트리	메디테라니언	플레이버드	7.4
스트레인지러브	코스탈	플레이버드	6
더블 더치	크랜베리 앤 진저	플레이버드	4.9
펜티만스	오리엔탈 유즈	플레이버드	4.9
프랭클린 앤 선스	엘더플라워 앤 큐컴버	플레이버드	4.9
프랭클린 앤 선스	로즈메리 앤 블랙 올리브	플레이버드	4.9
프랭클린 앤 선스	핑크 그레이프프루트 앤 베르가모트	플레이버드	4.9
프랭클린 앤 선스	루바브 앤 히비스커스	플레이버드	4.9
스트레인지러브	더티	플레이버드	4.9
톱 노트	비터 레몬	플레이버드	4.8
더블 더치	큐컴버 앤 워터멜론	플레이버드	4.7
더블 더치	포메그래니트 앤 바질	플레이버드	4.6
런던 에센스	포멜로 앤 핑크 페퍼	플레이버드	4.5
더블 더치	핑크 그레이프프루트	플레이버드	4.3
런던 에센스	비터 오렌지 앤 엘더플라워	플레이버드	4.3

브랜드	제품	종류	당(g/100ml)
런던 에센스	그레이프프루트 앤 로즈메리	플레이버드	4.2
롱 레이스	프리미엄 오스트레일리안 시트러스	플레이버드	4
롱 레이스	프리미엄 오스트레일리안 퍼시픽	플레이버드	3.8
큐 믹서스	스펙타큘러	인디언	11
카피	토닉	인디언	8.7
슈웹스	인디언	인디언	8.6
루스콤	데본	인디언	7.9
펜티만스	코니서스	인디언	7.7
버몬지 믹서 컴퍼니	버몬지	인디언	7.6
더블 더치	인디언	인디언	7.5
피버-트리	프리미엄 인디언	인디언	7.1
스트레인지러브	디스틸러스	인디언	7
스트레인지러브	토닉 넘버 8 인디언	인디언	7
톱 노트	클래식 인디언	인디언	6.6
펜티만스	프리미엄 인디언	인디언	4.9
릭서	클래식 인디언	인디언	4.9
톱 노트	인디언	인디언	4.8
런던 에센스	오리지널 인디언	인디언	4.3
롱 레이스	프리미엄 오스트레일리안	인디언	3
카피	드라이	라이트	6.2
프랭클린 앤 선스	내추럴 라이트	라이트	4.9
피버-트리	리프레싱리 라이트 큐컴버	라이트	4.8
더블 더치	스키니	라이트	4.7
슈웹스	시그니처 라이트	라이트	4.6
피버-트리	리프레싱리 라이트 메디테라니언	라이트	4.2
피버-트리	리프레싱리 라이트	라이트	3.8
루스콤	라이트	라이트	3.6
산펠레그리노	테이스트풀리 라이트	라이트	3.5
펜티만스	내추럴리 라이트	라이트	3.4
스트레인지러브	라이트	라이트	2.9

용어 해설

공비점
물과 에탄올처럼 같이 증류하는 액체 혼합물이 일정한 끓는점에 도달해서 더 이상 분리할 수 없는 지점. 증기와 액체 혼합물은 아무리 환류가 많이 일어나도 동일한 조성을 지닌다.

글리시리진
감초 뿌리에 들어 있는 물질로 자당보다 단맛이 30~50배 강하다.

뉴-메이크 스피릿
증류했지만 희석하거나 향을 첨가하거나 숙성시키는 등 다른 방식으로 변형시키지 않은 스피릿.

로토뱁
'회전식 증발기'의 줄임말로 화학 실험실에서 처음 발명되어 증류 및 분자 요리에서도 사용되고 있는 장치. 이 장치를 사용하면 증류사가 식물 재료를 낮은 압력, 따라서 낮은 온도에서 처리할 수 있어 식물의 섬세한 맛과 향을 더 많이 보존할 수 있다.

루칭 현상
투명한 알코올성 액체를 희석했을 때 탁해지는 현상. 흔히 우조 효과라고도 부른다.

리모넨
감귤류 껍질 오일의 주요 성분인 모노테르펜. 이성질체 중 하나가 오렌지의 향을 내는 역할을 담당한다.

맥아 곡물
보리, 밀 또는 옥수수와 같은 곡물을 발아 도중에 건조시킨 곡물. 맥아는 곡물의 전분을 발효에 사용할 수 있게 한다.

모노테르펜 / 모노테르페노이드
10개의 탄소 원자를 지닌 테르펜.

베타-피넨
피넨 참조.

본류
좋은 부분. 엄밀히 말하자면 에탄올 농도가 가장 높고 풍미가 가장 뛰어난 증류 원액이다. 증류업체가 원하는 부분이자 병입해 고객에게 판매하는 부분이다.

사비넨
많은 식물에서 발견되는 모노테르펜으로 후추의 매운맛을 내는 데 기여한다.

스트리핑
물 일부와 비휘발성 부분에서 모든 휘발성 부분을 분리하는 과정.

스틸리지
증류가 완료된 후 본체에 남은 액체와 본체에 넣은 모든 식물 재료.

아네톨
아니스의 향과 풍미를 내는 유기 화합물. 펜넬, 팔각, 감초에도 들어 있다. 아네톨은 자당보다 단맛이 13배나 강하다. 에탄올에는 잘 녹지만 물에는 약간만 녹기 때문에 일부 스피릿에 루칭 현상을 유발하기도 한다.

아세트산 리날릴
많은 꽃과 향신료에서 발견되는 유기 화합물. 베르가모트와 라벤더의 주요 성분 중 하나다.

알데히드
산소가 에탄올이나 메탄올 같은 알코올과 반응할 때 형성되는 유기 화합물.

알파-피넨
피넨 참조.

워시
처음으로 증류할 준비가 된 발효시킨 알코올성 액체.

이성질체
원자의 수와 종류는 같지만 분자 구조가 다른 화합물.

정류
휘발성 부분을 각각 분리해 알코올 도수가 높은 증류주를 만드는 과정.

초류

본류가 나오기 전에 최초류 다음으로 증류기를 통과하는 부분. 달갑지 않은 용매의 냄새가 가득하기 때문에 완성된 스피릿에는 넣지 않는다. 하지만 유용한 에탄올이 함유되어 있어 다음 증류(특히 스카치위스키)를 위한 충전물에 섞어 넣거나 라이터 연료, 손소독제 등으로 제조해 판매할 수 있다.

최초류

증류 과정에서 증류기를 가장 먼저 통과하는 첫 번째 분류물. 에탄올보다 끓는점이 낮기 때문에 유독성 메탄올이 많이 함유되어 있다.

테르펜 / 테르페노이드

식물, 특히 침엽수에서 주로 생성되는 천연 탄화수소

플래시 주입

급속 주입이라고도 하며 아산화질소를 용매로 사용해 향기 재료와 알코올에 짧은 시간 동안 압력을 가해 둘을 결합하는 기술.

피넨

주니퍼 오일, 테레빈유 및 기타 천연 추출물에 들어 있는 모노테르펜. 이성질체 중 하나인 알파-피넨이 가장 흔한 천연 테르페노이드이며 소나무, 세이지, 대마초 및 기타 여러 식물에서 생산된다. 또 다른 이성질체인 베타-피넨은 홉 등 다른 많은 식물에서 발생한다.

피페린

후추의 알싸한 맛을 담당하는 알칼로이드로 열과 산도에 민감한 혀 수용체를 활성화한다.

혼합액

증류하기 전에 증류기에 넣은 알코올, 물, 기타 모든 향료 재료의 혼합물.

환류

증류기 내부의 액체에서 증기 사이에 일어나는 상호작용. 증기 내에서 휘발성이 낮은 부분은 다시 액체로 응축되어 증류기 하단으로 되돌아가고, 휘발성이 높은 부분은 기화 상태를 유지하며 증류기 상단으로 이동한다.

후류

증류기를 가장 마지막으로 통과하는 부분. 본류보다 에탄올 농도가 낮으며 증류한 재료에 따라 채소와 플라스틱 냄새, 쓴맛, 고무 향 등이 날 수 있다. 초류처럼 재증류하거나 다른 용도로 판매할 수 있다.

찾아보기

ㄱ

가니시 118, 150~153
감귤류 16, 83
감귤류 가니시 150~151
감귤류 향진 166~173
감자 67
감초 85, 156
감칠맛 가니시 152~153
게네베르 14~15, 24
고대 증류기 22
곡물 15, 48~49, 66, 68, 216
과도 118
과일 88~89
과일 가니시 153
과일 향진 153, 190~197
구리 증류기 60~61
그란 게네베르 15
그랑 마니에르: 사탄스 위스커 145
그래인 오브 파라다이스 84, 198
그레이터 댄 런던 드라이 159
그리스 18, 22
그린 샤르트뢰즈: 비쥬 125
금귤 166
금주법 39, 70
기타 증류법 64~65
김렛 135
깁슨 134
껍질 90~91
꽃 86~87
꽃향진 152, 182~189
꿀: 비즈 니즈 124

ㄴ

나무 향 가니시 152
나무통 92
냄새 94~95
냉각 여과 63
냉각기 54~55
넘버 3 런던 드라이 204
넘버 6 레이버 애틀랜틱 스피릿 213
네그로니 142
네덜란드 동인도회사(VOC) 34
네이비 스트렝스 진 74
농업 증류소 68
뉴 웨스턴 드라이 진 43, 74
뉴질랜드 14, 17
니카 코페이 170
니콜라스 컬페퍼 18

ㄷ

다 밀레 오가닉 씨위드 208
단식 증류기 49~51
달란단 166
담금 48
당 66~67, 214~215
대니얼 디포 25
대영제국 참조 34~37, 40
더 보태니스트 아일레이 드라이 181
더 소스 197
더블 스트레이닝 121
더티 마티니 130
데스 도어 176
도로시 파커 184

독주법 28~29
동인도회사(EIC) 35~36
듀보네 111
드라이 마티니 131
드럼샨보 건파우더 아이리시 진 168
드위 샌트 코스탈 209
디메틸 삼황화물 61
디메틸 황화물 61
디스틸드 진 13~14
디오스코리데스 18

ㄹ

라벤더 182
라스트 워드 140
라이언 마가리언 43, 74
라이트 토닉 112
라임 32
라임주스: 김렛 135
라즈베리 190
램스버리 싱글 에스테이트 44, 196
런던 24~29, 35, 39~40
런던 드라이 진 13, 32, 73~75
런던 투 리마 203
럼 41
럼퍼스티안 38
레드 스내퍼 144
레드베리 주니퍼 21
레몬 156
레몬 머틀 174
레몬주스: 아미 앤 네이비 122
로마인 18
로버트 클라이브 35

로즈메리 174
로즈워터: 줄리엣과 로미오 139
로쿠 180
록 로즈 시트러스 코스탈 에디션 213
록 로즈 핑크 그레이프프루트 올드 톰 171
록 삼피어 206
루사 210
루칭 현상 62~63, 70, 216
르 진 드 크리스티앙 드루앵 195
리디스틸드 진 14
리필 46~47
린드 앤 라임 169
릴레 블랑: 콥스 리바이버 넘버 2 129

ㅁ

마라스키노 리큐어: 에비에이션 123
마법적 용도 18~19
마티네즈 33, 141
마티니 33
마틴 밀러스 162
만병통치약 18
맛의 감각 94~95, 97
맛의 균형 잡기 97
망갱 올리진 211
맥주 31
맨리 스피리츠 코스탈 시트러스 212
머메이드 진 212
머메이드 핑크 진 195
멀티샷 증류 44~45, 65
메디테라니언 진 바이 레우베 179
메인브레이스 코니시 드라이 211
멜리페라 187

모노테르펜/모노테르페노이드 16, 216
몽키 47 슈바르츠발트 드라이 188
무슬림의 알코올 22
물 45, 49, 110
미국 14, 17
미국의 바 38
미모사 182
믹서 32, 110~111
믹싱 글라스 121

ㅂ

바다 향과 감칠맛 진 152~153, 206~213
바라 애틀랜틱 진 208
바비스 스히담 드라이 200
바스푼 120
바질 174
발효 48~49
밝은 젊은이들 39
배럴 72, 92~93
배럴 레스티드 진 72~73
배럴 태우기 92
배스텁 진 39, 70, 72~73
버나드 맨더빌 15
법적 정의 12~15
베르무트 111
베르타스 리벤지 아이리시 밀크 200
베리류 86~87
베이스 스피릿 44, 66, 68~69
병과 병입 33, 46~47, 49
보드카 41~42
보스턴 셰이커 121
본류 58~59, 216

봄베이 사파이어 런던 드라이 158
분류 단계 58
분쇄 48
불수감 166
브라이튼 진 파빌리온 스트렝스 167
브램블 126
브록맨스 191
브롱크스 127
브루클린 진 168
브루키스 바이런 드라이 191
블랙베리 190
블루베리 190
블루코트 아메리칸 드라이 157
비쥬 125
비즈니즈 124
비터 레몬 110
비터스 33, 111
비피터 런던 드라이 157
빌라크 43
뿌리 90~91

ㅅ

사과 190
사우스사이드 리키 146
사일런트 풀 189
사일런트 풀 레어 시트러스 172
사탄스 위스커 145
산타 아나 189
살레르노 23
샌디 그레이 205
생제르맹: 올드 프렌드 143
세계 무역 32, 34~35

세븐 힐스 VII 이탈리안 드라이 180
세이크리드 핑크 그레이프프루트 172
셰이커 119, 121
소리게르 마혼 13, 181
수확 17
숙성 진 14, 72
쉘 앤 튜브 냉각기 55
스위트 베르무트: 비쥬 125
스즈: 화이트 네그로니 149
스템 글라스 106~107
스트레이너 120
스트레이닝 121
스틸리지 58~59, 216
스피릿: 베이스 66, 68~69
스피크이지 바 39
슬로 진 14, 76~77
시소 174
시타델 201
시타델 자르댕 데테 192
식물 44~45, 80~91
식민지 지배 34~37, 40
신맛 가니시 152~153
심플 시럽 120
십스미스 VJOP 164
싱글 에스테이트 진 44
쓰리-파트 셰이커 119
씨앗 90~91

ㅇ

아몬드 81
아미 앤 네이비 122
아우데무스 우마미 207

아우데무스 핑크 페퍼 199
아일 오브 해리스 47, 210
아크 아키펠라고 보태니컬 167
아크로스 199
아프리카 연필향나무 21
안 둘라만 아이리시 마리타임 207
안젤리카 81, 156
알코올 13, 41, 49, 68
알코올 강도 13, 41, 68
어머니의 파멸 25, 39
얼음 38, 108~109
에라스무스 본드 36~37
에르노 네이비 스트렝스 160
에비에이션(진) 183
에비에이션(칵테일) 123
에센스 75
에스테르 61
엘더플라워 84, 182
엘더플라워 코디얼: 잉글리시 가든 132
연속식 증류기 48~49, 52~53
영 게네베르 15
영국 13, 17, 42
오렌지공 윌리엄 15, 24
오렌지주스: 브롱크스 127
오르자: 아미 앤 네이비 122
오리스 뿌리 85, 156, 182
오우드 게네베르 15
오우드 그란 게네베르 15
옥슬레이 런던 드라이 170
온디나 179
올드 톰 진 33, 74~75
올드 프렌드 143
올리브 206
와비 173
와인 33

요크 진 올드 톰 165
운송 46~47
월계수 잎 174
웜 튜브 54
윌리엄 밸푸어 배이키 36
윌리엄 호가스 27
유리병 46~47
유압 증류법 22
유자 166
유청 67
육계나무 껍질 82
이니어스 코페이 32, 52
이스트 런던 리큐어 컴퍼니 47
이스트 런던 큐 진 185
이슬람 학자 22~23
이집트 18, 22
인디언 토닉 37, 112
인버로슈 클래식 186
일반 주니퍼 17
잉글리시 가든 132
잎 88~89

ㅈ

자몽주스: 올드 프렌드 143
잔 식히기 109
잔의 모양과 풍미 104~105
잔의 종류 106~107
재증류 진 14
저알코올 진 75
정류 69, 216
제2차 세계대전 40
제리 토머스 38

제임스 린드 36
젠슨스 버몬지 드라이 161
주니퍼 16~21, 80
주니퍼의 맛 19
주니퍼의 역사적 쓰임새 18~19
주니퍼의 역할 16
주니퍼의 품종 13, 21
주니퍼의 풍미 16
주니페로 162
줄리엣과 로미오 139
증기 주입 56~57
증류 13~14, 48~65
증류와 정류 69
지거 118~119
지바인 플로레종 185
지오메트릭 202
진 규제법 26~28
진 드 마혼 13
진 리큐어 14
진 마레 177
진 맛이 나는 진 150, 156~165
진 바질 스매시 136
진 스타일 72~75
진 앤 잇 39, 111
진 에바 라 마요르퀴나 올리브 209
진 열풍 24~29
진 코디얼 14
진 테이스팅 98~103
진 트위스트 38
진 팰리스 30~31
진 플립 38
진 피즈 137
진 한 병당 주니퍼 17
진공 증류 64
진과 함께 섞기 114

진과 환경 44~47
진을 마시는 방법 110~111
진의 역사 22~43
진의 재료 66~67
진저비어 110
진토닉 37, 114~115
짠맛 가니시 152~153

ㅊ

착즙기 118
초류 58~59, 63, 217
초임계 추출 64~65
최초류 58~59, 217
추출물로 만든 진 71
친환경 44~45

ㅋ

카나이마 192
카다멈 82, 198
카라긴 206
칵테일 38~39, 41~42, 116~153
칵테일 도구 118~121
칼라만시 166
케이퍼 206
코닙션 아메리칸 드라이 175
코런베인 게네베르 15
코리앤더 80, 156
코마사 진 호지차 178
코블러 셰이커 119

코스탈 진 72
코츠월드 넘버 1 와일드플라워 184
코츠월드 드라이 176
코페이 증류기 52
콘커 스피릿 네이비 스트렝스 201
콘티넨털 방식 65
콜드 콤파운드 진 70~73
콜드 콤파운딩 70~71
콤파운드 진 14, 70~71
콥스 리바이버 넘버 2 39, 129
쿠베브 83, 198
퀴닌 36~37
퀴닌과 말라리아 36
퀸스 190
크누트 한센 드라이 194
크래프트 증류소 42~43
클로버 클럽 128
키 노 티 교토 드라이 178

ㅌ

타르퀸스 코니시 드라이 165
탄산수: 진 피즈 137
탱커레이 넘버텐 173
탱커레이 런던 드라이 164
탱커레이 블랙커런트 로열 디스틸드 197
텀블러 106~107
테이스팅 글라스 98
텍사스 주니퍼 21
토닉 시럽 113
토닉 워터 32, 36~37, 112~113
토마토주스: 레드 스내퍼 144
토비 말로니 139

투-파트 셰이커 121

ㅍ

파래 206
팔각 198
팔마 171
페구 클럽 39
페니키아 주니퍼 21
페르네-브랑카: 행키 팽키 138
페리스 토트 네이비 스트렝스 204
페퍼베리 198
펜로스 드라이 188
포 필러스 레어 드라이 202
포 필러스 블러디 시라즈 193
포 필러스 올리브 리프 177
포도 67
포드 진 런던 드라이 158
포장 46~47
포트넘 앤 메이슨 39
푸에르토 데 인디아스 스트로베리 196
풍미 고조시키기 150
풍미 분류 58~59
풍미 조합 97
풍미 화합물 78~79
풍미별 진 탐색하기 154~213
풍미의 작동 원리 94~95
프랑스 진 43
프렌치 75 133
프로세라 그린 도트 163
프로세라 블루 도트 205
플라이시만 형제 33
플레이버드 진 14, 72~73

플레이버드 토닉 113
플리머스 진 29, 31, 40, 46, 75, 163
피버-트리 토닉 워터 113
피토프토라 아우스트로세드리 20~21
필러 118
필록세라 33
핑크 진 111

ㅎ

하이브리드 증류기 64
하이클레어 캐슬 런던 드라이 161
하이트 오브 애로우스 159
하푸사 히말라얀 드라이 203
해리 크래독 39, 145
행키 팽키 138
향기 도서관 96
향료 제도 34
향신료 가니시 152
허브 가니시 151
허브 향진 151, 174~181
헤이먼스 슬로 진 77, 193
헤이먼스 이그조틱 시트러스 169
헤플 슬로 앤 호손 진 77, 194
헤플 160
헨드릭스 186
헨리 필딩 28
호주 14, 17, 43
화이트 네그로니 149
화이트 레이디 148
황화수소 61
후류 58~59, 63, 217
휘발성 50, 94

흙 향과 아로마틱 진 153, 198~205
히비스커스 182

기타

135° 이스트 효고 드라이 175
20세기 147
44°N 183
EU 13, 21
LBD 187

지은이_앤서니 글래드먼

앤서니 글래드먼은 런던 출신의 음료 전문 작가다. 언제나 풍미에 매료되어 있는 그는 이제 생계를 위해 맛에 관한 글을 쓴다. 2022년에는 쓰는 것만큼이나 읽기에도 재미있는 글이라는 심사위원의 평을 받으며 길드 오브 푸드 라이터스 드링크 라이팅 어워드를 수상했다. 브리티시 길드 오브 비어 라이터스에서도 다수의 상을 수상했으며, 가장 최근에는 양조의 지속 가능성에 대한 기사로 상을 받았다. 재미있고 정확하면서도 유머가 넘치고, 꼼꼼하게 조사한 정보가 뒷받침된 스토리텔링을 선보이는 작가다. 그의 작품은 대서양 양쪽 모두의 전문 잡지와 상업 잡지, 온라인 홈페이지(anthonygladman.com)에서 찾아볼 수 있다.

옮긴이_정연주

푸드 에디터. 성균관대학교 법학과를 졸업하고 사법시험 준비 중 진정 원하는 일은 '요리하는 작가'임을 깨닫고 방향을 수정했다. 이후 르 코르동 블루에서 프랑스 요리를 전공하고, 푸드 매거진 에디터로 일했다. 현재 프리랜서 푸드 에디터이자 바른번역 소속 푸드 전문 번역가로 활동하고 있다. 『모던 클래식 칵테일』 등을 옮겼다.

저자의 감사 인사

여러분이 손에 들고 있는 이 책은 제 에이전트 엘리 제임스의 지원과 DK의 카라 암스트롱의 혜안이 아니었다면 탄생하지 못했을 것입니다. 또한 편집 과정을 매끄럽게 진행한 이지 홀튼, 능숙하고 통찰력 있는 편집을 해준 던 티트머스, 디자인과 일러스트레이션을 담당한 바네사 해밀턴, 그리고 각 증류소에 연락해 모든 이미지를 모아준 마르타 베스코스에게도 깊은 감사를 표합니다. 또한 DK의 모든 분들께 감사드립니다.

이 책을 위해 맛볼 진을 선정하고 실제로 구하는 것은 결코 쉬운 일이 아니었습니다. 테이스팅할 진을 보내준 모든 증류업체와 제 노력만으로는 부족할 때 특정 진을 찾을 수 있도록 도움을 준 아니타 우자스지와 앨리슨 태프스에게 깊은 감사를 표합니다.

저는 저보다 더 많은 지식을 가지고 있는 사람에게 의지했습니다. 이 아주 탁월한 전략을 모두에게 추천합니다. 특히 먼 나라의 진에 대한 폭넓은 지식을 공유해준 데이비드 스미스, 아일랜드 진에 대한 통찰력을 보여준 수잔 보일, 뛰어난 프랑스 진을 소개해준 크리스틴 램버트, 칵테일에 대한 훌륭한 조언을 해준 젠슨스의 찰리 토머스에게 큰 감사를 표합니다. 증류에 관한 세부적이고 기술적인 질문에 친절하게 답변해준 헤플의 크리스 가든에게도 마티니 한두 잔 정도는 빚지고 있는 상태입니다.

또한 이 책을 집필할 수 있도록 도와주신 모든 분들께도 감사의 마음을 전합니다. 제 머릿속을 스피릿으로 가득 채우고, 저와 함께 중성 스피릿을 맛볼 만큼 관심 있고 용감하면서 어리석고, 항상 풍미에 대해 조예 깊은 마니아적인 이야기를 해준 더 믹싱 클래스의 한나 랜피어에게 큰 박수를 보냅니다. 애드넘스의 존 매카시, 램스버리의 닉 포드햄, 사일런트풀의 이안 매컬록, 십스미스의 페어팩스 홀과 샘 골스워디, 템스 디스틸러스의 찰스 맥스웰에게도 감사의 인사를 전합니다. 모두 지난 몇 년 동안 시간과 지식, 인맥을 아낌없이 나눠주었습니다.

마지막으로 여러 달 동안 진으로 가득 찬 집을 참아준 가족들에게도 고마움을 전합니다. 곧 치울 것을 약속합니다. 몇 잔만 더 마신 다음에요.

출판사의 감사 인사

제품 이미지 사용을 흔쾌히 허락해준 진 증류소, 사진 조사를 맡은 마르타 베스코스와 니란잔 사티아나라야난, 표지 일러스트를 그린 니란 길, 교정을 맡은 존 프렌드, 색인을 담당한 바네사 버드에게 감사를 전합니다.

20쪽 영향을 받는 지역: 데이터 출처 www.forestresearch.gov.uk/tools-and-resources/fthr/pest-and-disease-resources/phytophthora-austrocedri-disease-of-juniper-and-cypress/ 공공 저작물 자유 이용 라이선스 v3.0 www.nationalarchives.gov.uk/doc/open-government-licence/version/3/

사진 출처

다음과 같이 사진의 사용을 허락해주신 모든 분들께 감사드립니다. (Key: a-above; b-below/bottom; c-centre; f-far; l-left; r-right; t-top)

Alamy Stock Photo: Zuri Swimmer 15, British Library/Album 22, Pictorial Press Ltd 23, 25b, Heritage Image Partnership Ltd/London Metropolitan Archives (City of London) 26, Natthanan Limpornchaicharoen 27, World History Archive 28, 29, Chronicle 30, M&N 31b, Steve Vidler 31t, incamerastock/ICP 32, CPA Media Pte Ltd 34, incamerastock 35, Historic Images 36bl, Science History Images 36tr, History and Art Collection 38, Neil Baylis 40, f8 archive 41, Sunny Celeste 52, Carolyn Eaton 60, Glasshouse Images/JT Vintage 112; **© Board of Trustees of the Royal Botanic Gardens, Kew:** 37cla; **Bridgeman Images:** Florilegius/Rowlandson, Thomas (1756-1827)/English 25t; **Dà Mhìle Organic Seaweed Gin:** Heather Birnie 208bl; **Depositphotos Inc:** gueriero93.gmail.com 42bc, br; **Dreamstime.com:** Nicku 24, Rasto Blasko 33cla, Monticelllo 33ca; **Dunnet Bay Distillers Ltd:** 213bl; **Getty Images:** Universal Images Group/Werner Forman 18; **Holyrood Distillery:** Murray Orr 159bl; **Kangaroo Island Spirits:** 43tc; **Melifera:** Miguel Ramos photographie 187bl; **Shutterstock.com:** barinart 43fbl; **Southwestern Distillery:** 165tl; **The Advertising Archives** 39.

All other images © Dorling Kindersley.

진 테이스팅 코스

발행일 2024년 10월 28일 초판 1쇄 발행
지은이 앤서니 글래드먼
옮긴이 정연주
발행인 강학경
발행처 시그마북스
마케팅 정제용
에디터 신영선, 최연정, 최윤정, 양수진
디자인 강경희, 김문배, 정민애

등록번호 제10-965호
주소 서울특별시 영등포구 양평로 22길 21 선유도코오롱디지털타워 A402호
전자우편 sigmabooks@spress.co.kr
홈페이지 http://www.sigmabooks.co.kr
전화 (02) 2062-5288~9
팩시밀리 (02) 323-4197
ISBN 979-11-6862-256-2 (13590)

* 시그마북스 는 ㈜시그마프레스의 단행본 브랜드입니다.

Project Editor Izzy Holton
Senior Designer Glenda Fisher
Production Editor David Almond
Senior Production Controller Luca Bazzoli
Jacket Designer Eloise Grohs
Jacket Coordinator Abi Gain
Art Director Maxine Pedliham
Editorial Director Cara Armstrong
Publishing Director Katie Cowan

Editorial Dawn Titmus
Design and Illustration Vanessa Hamilton

First published in Great Britain in 2023 byDorling Kindersley Limited
DK, One Embassy Gardens, 8 Viaduct Gardens,London, SW11 7BW

The authorized representative in the EEA is Dorling Kindersley Verlag GmbH.
Arnulfstr. 124, 80636 Munich, Germany

Original Title: Gin A Tasting Course: A Flavour-focused Approach to the World of Gin
Text Copyright © 2023 Anthony Gladman
Copyright © 2023 Dorling Kindersley Limited
A Penguin Random House Company
10 9 8 7 6 5 4 3 2 1
001-333487-Sep/2023

Printed and bound in Thailand
www.dk.com